“十四五”时期国家重点出版物出版专项规划项目

面向2035：中国生猪产业高质量发展关键技术系列丛书

总主编　张传师

智能养猪关键技术

主　编　何鑫淼　刘自广

U0951446

中国农业大学出版社
·北京·

内 容 简 介

本书内容包括智能养猪与智慧猪场的概念和起源、国内外智能化养猪与智慧猪场的现状和发展、智能养猪配套设备与应用、智能化环境控制设备与应用、智能化养猪新技术、数字化与精细化评估、无人猪场展望。本书内容新颖丰富、前沿研究与产业开发并重，具有较高的理论和学术价值，适合作为高等院校、科研单位等部门科技工作者以及猪业生产相关技术人员的学习参考资料。

图书在版编目(CIP)数据

智能养猪关键技术 / 何鑫淼，刘自广主编. --北京：中国农业大学出版社，2022.11

(面向 2035：中国生猪产业高质量发展关键技术系列丛书)

ISBN 978-7-5655-2887-3

Ⅰ.①智… Ⅱ.①何… ②刘… Ⅲ.①智能技术—应用—养猪学 Ⅳ.①S828-39

中国版本图书馆 CIP 数据核字(2022)第 213660 号

书　　名	智能养猪关键技术		
作　　者	何鑫淼　刘自广　主编		
执行总策划	董夫才　王笃利	**责任编辑**	刘　聪
策划编辑	刘　聪　赵　艳	**封面设计**	郑　川
出版发行	中国农业大学出版社		
社　　址	北京市海淀区圆明园西路 2 号	**邮政编码**	100193
电　　话	发行部 010-62733489，1190		读者服务部 010-62732336
	编辑部 010-62732617，2618		出　版　部 010-62733440
网　　址	http://www.caupress.cn	**E-mail**	cbsszs@cau.edu.cn
经　　销	新华书店		
印　　刷	涿州市星河印刷有限公司		
版　　次	2023 年 3 月第 1 版　　2023 年 3 月第 1 次印刷		
规　　格	170 mm×240 mm　16 开本　9 印张　176 千字		
定　　价	40.00 元		

图书如有质量问题本社发行部负责调换

丛书编委会

主 编 单 位　中国猪产业职业教育产学研联盟
中国种猪信息网&《猪业科学》超级编辑部
总　策　划　孙德林　中国种猪信息网&《猪业科学》超级编辑部
总　主　编　张传师　重庆三峡职业学院
编　　　委　（按姓氏笔画排序）
马增军　河北科技师范学院
仇华吉　中国农业科学院哈尔滨兽医研究所
田克恭　国家兽用药品工程技术研究中心
冯　力　中国农业科学院哈尔滨兽医研究所
母治平　重庆三峡职业学院
刘　彦　北京市农林科学院畜牧兽医研究所
刘震坤　重庆三峡职业学院
孙德林　中国种猪信息网&《猪业科学》超级编辑部
李　娜　吉林省农业科学院
李爱科　国家粮食和物资储备局科学研究院
李家连　广西贵港秀博基因科技股份有限公司
何启盖　华中农业大学
何鑫淼　黑龙江省农业科学院畜牧研究所
张传师　重庆三峡职业学院
张宏福　中国农业科学院北京畜牧兽医研究所
张德福　上海市农业科学院畜牧兽医研究所
陈文钦　湖北生物科技职业学院
陈亚强　重庆三峡职业学院
林长光　福建光华百斯特集团有限公司
彭津津　重庆三峡职业学院
傅　衍　浙江大学
潘红梅　重庆市畜牧科学院
执行总策划　董夫才　中国农业大学出版社
王笃利　中国农业大学出版社

编写人员

主　　编　何鑫淼　黑龙江省农业科学院畜牧研究所

刘自广　黑龙江省农业科学院畜牧研究所

参　　编（按姓氏笔画排序）

王文涛　黑龙江省农业科学院畜牧研究所

田　明　黑龙江省农业科学院畜牧研究所

刘正旭　北京小龙潜行科技有限公司

刘顺猛　黑龙江省海伦市动物防疫检疫中心

孙胜男　北京小龙潜行科技有限公司

严久民　呼伦贝尔市鸿发祥种养结合生态科技有限公司

李桂伟　黑龙江省农业科学院乡村振兴科技研究所

吴赛辉　黑龙江省农业科学院畜牧研究所

何海娟　黑龙江省农业科学院畜牧研究所

张应刚　郑州中道智联云科技有限公司

张海峰　黑龙江省农业科学院畜牧研究所

原黎伟　河南省谊发牧业有限责任公司

高艳红　北京小龙潜行科技有限公司

总　序

党的十九届五中全会提出，到2035年基本实现社会主义现代化远景目标。到本世纪中叶，把我国建成富强民主文明和谐美丽的社会主义现代化强国。要实现现代化，农业发展是关键。农业当中，畜牧业产值占比30%以上，而养猪产业在畜牧业中占比最大，是关系国计民生和食物安全的重要产业。

改革开放40多年来，养猪产业取得了举世瞩目的成就。但是，我们也应清醒地看到，目前中国养猪业面临的环保、效率、疫病等问题与挑战仍十分严峻，与现实需求和国家整体战略发展目标相比还存在着很大的差距。特别是近几年受非洲猪瘟及新冠肺炎疫情的影响，我国生猪产业更是遭受了严重的损失。

近年来，我国政府对养猪业的健康稳定发展高度重视。2019年年底，农业农村部印发《加快生猪生产恢复发展三年行动方案》，提出三年恢复生猪产能目标；受2020年新冠肺炎疫情的影响，生猪产业出现脆弱、生产能力下降等问题，为此，2020年国务院办公厅又提出关于促进畜牧业高质量发展的意见。

2014年5月习近平总书记在河南考察时讲到：一个地方、一个企业，要突破发展瓶颈、解决深层次矛盾和问题，根本出路在于创新，关键要靠科技力量。要加快构建以企业为主体、市场为导向、产学研相结合的技术创新体系，加强创新人才队伍建设，搭建创新服务平台，推动科技和经济紧密结合，努力实现优势领域、共性技术、关键技术的重大突破。

生猪产业要实现高质量发展，科学技术要先行。我国养猪业的高质量发展面临的诸多挑战中，技术的更新以及规范化、标准化是关键的影响因素，一方面是新技术的应用和普及不够，另一方面是一些关键技术使用不够规范和不够到位，从而影响了生猪生产效率和效益的提高。同样的技术，投入同样的人力、资源，不同的企业产出却相差很大。

企业的创新发展离不开人才。职业院校是培养实用技术人才的基地，是培养中国工匠的摇篮。中国生猪产业职业教育产学研联盟由全国80多所职业院校以及多家知名养猪企业和科研院所组成，是全国以猪产业为核心的首个职业教育“产、学、研”联盟，致力于协同推进养猪行业高技能型人才的培养。

为了提升高职院校学生的实践能力和技术技能，同时促进先进养猪技术的推广和规范化，中国生猪产业职业教育产学研联盟与中国种猪信息网&《猪业科学》超级编辑部一起，走访了解了全国众多养猪企业，在总结一些知名企业规范化先进技术流程的基础上，围绕养猪产业链，筛选了影响养猪企业生产效率和效益的12种关键技术，邀请知名科学家、职业院校教师和大型养猪企业技术骨干，以产学研相结合的方式，编写成《面向2035：中国生猪产业高质量发展关键技术系列丛书》。该系列丛书主要内容涵盖母猪营养调控、母猪批次管理、轮回杂交与种猪培育、猪冷冻精液、猪人工授精、猪场生物安全、楼房养猪、智能养猪与智慧猪场、猪主要传染病防控、非洲猪瘟解析与防控、减抗与替抗、猪用疫苗研发生产和使用等12个方面的关键技术。该系列丛书已入选《“十四五”时期国家重点图书、音像、电子出版物出版专项规划》。

本系列图书编写有3个特点：第一，关键技术规范流程来自知名企业先进的实际操作过程，同时配有视频资源，视频资源来自这些企业的一线实际现场，真正实现产教融合、校企合作，零距离，真现场。这里，特别感谢这些知名企业和企业负责人为振兴民族养猪业的无私奉献和博大胸怀。第二，体现校企合作，产、教结合。每分册都是由来自企业的技术专家与职业院校教师共同研讨编写。第三，编写团队体现“产、学、研”结合。本系列图书的每分册邀请一位年轻有为、实践能力强的本领域权威专家学者作为顾问，其目的是从学科和技术发展进步的角度把控图书内容体系、结构，以及实用技术的落地效应，并审定图书大纲。这些专家深厚的学科研究积淀和丰富的实践经验，为本系列图书的科学性、先进性、严谨性以及适用性提供了有利保证。

这是一次养猪行业“产、学、研”结合，纸质图书与视频资源“线上线下”融合的新尝试。希望通过本系列图书通俗易懂的语言和配套的视频资源，将养猪企业先进的关键技术、规范化标准化的流程，以及养猪生产实际所需基本知识和技能，讲清楚、说明白，为行业的从业者以及职业院校的同学，提供一套看得懂、学得会、用得好，有技术、有方法、有理论、有价值的好教材，助力猪业的高质量发展和猪业高素质技能型人才的培养，助力乡村振兴，为全面建设社会主义现代化国家、实现中华民族伟大复兴的中国梦提供有力的人才和技能支撑。

孙德林　张传师

2022年1月

前　言

我国是世界养猪大国，2021 年底，我国猪存栏 44 922 万头，同比增幅达 10.5%；猪出栏 67 128 万头，同比增幅达 27.37%；猪肉产量 5 296 万 t，同比增幅达 28.75%。在猪存栏量、出栏量和猪肉产量等方面，我国均居世界第一。同时，我国又具有悠久的养猪历史，据《中国养猪史》记载，我国的养猪历史可以追溯到新石器时代的早中期，当时人们已开始普遍养猪；商、周时期开始对猪圈养，并且猪已成为财富的象征。简体汉字“家”的甲骨文文字结构中，上部是“房子”的形状、下部是“猪”的形状，其寓意就是“有房有猪才有家”，可见“猪”对当时老百姓的重要性。

猪肉是中国人消费最多的肉类，所以在几千年的农耕生产中，中国人从未中断过养猪。以前，中国人养猪基本上是以副业的形式养两三头，养殖方法粗放、养殖时间长、瘦肉率低、料肉比高。随着中国社会经济的迅猛发展，人们对猪肉的需求量越来越大，养猪大户和规模化养猪场逐渐增多，但是与发达国家相比，仍然存在 PSY（每头母猪每年能提供的断奶仔猪数）低、生产成本高、经济效益低的问题。特别是非洲猪瘟疫情暴发以后，养猪场防疫要求徒然增高，“洗消烘”中心等的建设，粪污无害化处理、资源化利用，粪污处理暂存设施的建设等，都大大增加了养猪场的资金投入，进一步提高了规模化养猪场的生产成本。降低饲养成本、提高经济效益是各大规模化养猪场亟须攻克的难题。

随着现代科学技术的发展，物联网、区块链、人工智能、5G 通信技术、云计算等已经逐步融入人们的生产生活当中，智能化设备开始代替人类进行各项复杂工作，逐步解放劳动力资源。这些创新技术的发展赋予了产业更高的效率，养猪业搭乘数字化快车，在生产、流通、营销、服务和管理等方面，迎来了巨大的发展空间。智能化养猪已逐渐在各大养猪企业得到应用，猪肉产品国际市场竞争力得到提升，逐步接近西方发达国家的饲养水平。特别是“智能互连＋互联网智能养猪＋协同养猪”平台的建设，使智慧猪场的实现成为可能，智能化能精准解决养殖户遇到的大部分问题，养殖户只需用一部手机就能轻松掌握猪场动态，利用手机应用程序(App)可以轻松完成配种、上产床、分娩、母猪断奶、仔猪断奶、精准饲喂、环境控制、疫情防控、猪只盘点、猪销售、财务统计、问题解决及求助互动等各项工作任务。这对提高猪场生产效率、降低生产成本、改善供应链、提高产品质量和增加产品附加值等具有重要意义。

本书由 6 章构成。其中第 1 章由何鑫淼和张海峰编写；第 2 章由王文涛和刘自广编写，视频由原黎伟制作；第 3 章由吴赛辉和何海娟编写，视频由张应刚制作；第 4 章由高艳红、孙胜男和刘正旭编写，视频也由高艳红、孙胜男和刘正旭制作；第 5 章由刘自广、刘顺猛和张海峰编写，视频由严久民制作；第 6 章由李桂伟和田明编写。书中所有视频由刘自广编辑。

本书在编写过程中得到《猪业科学》杂志孙德林主编的指导，使本书的编写水平得到极大提升，在此表示衷心的感谢！

本书编写过程中参考了许多专家学者的相关著作和论文，特向有关专家学者表示诚挚的谢意！

本书内容涉及面广，新技术、新知识较多，但因时间仓促、编者水平有限，书中难免存在纰漏和不足之处，敬请广大读者批评指正。

编　者

2022 年 7 月

目　录

第1章 智能化养猪与智慧猪场概论

【本章提要】智能化养猪技术在国内外得到迅速发展，物联网、人工智能、云计算等技术的发展，为传统养猪生产条件的改善提供了技术支撑。使用猪场智能化养猪技术和设备，饲养人员可以不进入猪舍，而是通过中央控制电脑或手机，根据猪信息进行投放饲料、健康监控、粪污清理、猪舍通风、温度调节等操作，提高猪场生物安全水平和生产效率，降低生产成本。

1.1 智能化养猪与智慧猪场的概念

随着现代科技的发展，物联网、区块链、人工智能、5G 通信技术、云计算已经融入人们现今的生产生活中，智能化设备将逐步解放劳动力资源，代替人类开展各项智慧化的复杂工作。在社会经济大发展和国家乡村振兴战略大背景下，我国智能化养猪业得到快速发展，智慧猪场建设方兴未艾。

1.1.1 智能化养猪的概念

智能化养猪这一概念起源于荷兰，是指使用比较先进的电脑自动化控制手段，对猪群实施更加精细管理的一种高效养猪模式。智能化养猪技术目前虽然没有明确的定义，但基本可概括为利用自动化技术、信息技术和物联网技术等为养猪业带来便捷、智能和健康的养殖技术。

1.1.2 智慧猪场的概念

智慧猪场是“智能连接＋互联网智能养猪＋协同养猪”的平台，这一平台能够精准定位，解决养猪户在养猪环节遇到的大部分问题。养殖户只需将手机轻轻一点，就能轻松掌握猪场动态，在App（手机应用程序）上可轻松实现包括空间中心、猪场上线、任务导航、配种、上产床、分娩、母猪断奶、仔猪断奶、精准饲喂、发现问题及求助互动等功能。

1.2 国内外智能化养猪现状

1.2.1 我国智能化养猪现状

我国智能化养猪技术目前可分为自动化技术、信息技术和物联网技术三大部分，这些技术的相互交织利用和各分支新技术的不断引入，使得我国智能化养猪业的发展更加多元化。2018年智能养猪成为养猪行业热点，养猪业迎来蓬勃发展，因此这一年被业内誉为智能养猪元年。同年，以农信互联为代表的生猪产业综合服务平台，整合、集成了行业一切优秀的智能硬件、技术和算法，打造了超级设备连接器“猪小智”；以阿里巴巴、京东为代表的互联网巨头，相继携手养猪企业和科研院所开发了各自的“养猪大脑”；“PSY＋资源云1.0”专攻母猪PSY的提升，是中国养猪领域革命性的创新。以扬翔为代表的优秀养猪企业，由养殖向服务转型，推出了“FPF猪场”；以睿畜科技、普立兹、小龙潜行为代表的技术服务商，从猪场的关键痛点出发，提出各自的整体解决方案；作为智能化养猪发展风向标的温氏、牧原集团，依靠创新开启了智能化养猪新时代，探索出了一条智能化养殖和全面升级生物安全体系的生猪产业良性发展可行性路径，智能养殖驶入了集约化、规模化快速发展轨道。

综上所述，目前我国智能养猪行业围绕提高养猪生产效率、降低生产成本、改善供应链等，在AI整体解决方案、猪场物联网平台与设备、猪业互联网服务平台等领域，进行了大量的探索和实践，取得了显著成效（表1-1），呈现出主体多元化的显著特征。未来智慧猪场绝不仅仅是“互联网＋”模式，而是“产业＋互联网”的新业态。智能化养猪最终要体现在降低猪肉生产成本、提高产品质量和增加产品附加值等方面，使生产效率更高、企业利润更高。

表1-1　智能化养猪主要领域、产品和典型企业

领域	类别	主要产品/功能	典型企业
AI解决方案	整体解决方案	为客户需要提供整体解决方案	京东农牧、阿里巴巴、科大讯飞、云知声、华为
	视觉识别	利用视觉识别技术进行猪识别、猪计数	京东农牧、阿里巴巴、科大讯飞、影子科技、普立兹、睿畜科技、小龙潜行、翔创科技

续表 1-1

领域	类别	主要产品/功能	典型企业
AI解决方案	视觉识别	利用视觉识别技术进行智能估算猪体长、体重、背膘等指标	小龙潜行、普立兹、睿畜科技、科大讯飞、恒泰艾普
		利用视觉识别技术进行智能疾病诊断	挺好科技、猪联网猪病通
		监测猪行为，判断猪健康状况	京东农牧、正狐科技、睿畜科技
	声音识别	利用声音识别技术判断猪生长和健康状况	科大讯飞、云知声
	人机交互	通过智能音箱实现人与设备的交互	农信云、云知声
猪场物联网平台与设备	物联网平台	智能硬件与软件集成，在泛农业领域为客户提供综合性解决方案	慧云信息、中国移动 One NET 平台、农信通、左岸芯慧、恺易物联、引通通信
		智能硬件与软件服务、AI 算法集成，专注于养猪业，提供全套的智能猪场解决方案	农信云、京东农牧、正狐科技
	智能饲喂设备	各类猪群自动饲喂设备，实现个体或小群的精准饲喂	慧农、大华农、京鹏畜牧、大荷兰人、大牧人、大鸿恒丰、省饲儿、南商农牧、梵龙电子、恒银
	智能环控设备	环境监测与控制设备	普立兹、慧牧科技、大牧人、鑫芯物联、希恩特、蒙特
	智能穿戴设备	电子耳标、植入式芯片、电子医生等，识别猪 ID，监测猪运动量、体温、健康状况和行为	探感科技、安乐福、睿畜科技、高新兴物联、瑞百创科技、莱普生信息科技
	智能监测设备	集成多种传感器、探测器、生物雷达、智能巡检机器人，实现猪舍智能巡检	京东农牧、农信云、正狐科技、小龙潜行
		便携式监测设备，监测如发情、膘情、精子质量、谷物成分等	创怀医疗、世博畜牧、讯玓网络、索诺普
		能源监测设备，智能电表、水表等	集社电子、欧瑞博科技等

续表 1-1

领域	类别	主要产品/功能	典型企业
猪场物联网平台与设备	智能称重设备	智能电子秤，自动收集称重数据，发送到云端处理	众衡电子秤、大华电子秤、万众衡器、慧农、省饲儿
	其他智能仪器设备	温度、湿度、光学、力学、气体、皮肤纹理、磁场、位置传感器	青岛元芯、华工科技、鑫芯电子等
		智能网关，边缘计算、管理设备	万物云联科技、智尚电子等
猪业互联网服务平台	猪场综合服务平台	提供猪场管理、投入品和活猪交易、供应链金融、线下指导等多元服务	农信互联(猪联网)、猪之宝、扬翔
	猪场管理软件	PC 端软件和手机 App，帮助猪场实现数据电子化及数据分析等增值服务	安佑集团(安佑云)、久翔软件(猪场管家)、慧猪帮等
	涉猪电子商务平台	猪场投入品、活体猪在线交易平台	国家生猪市场、畜牧市场、阳光畜牧商城、小牧人商城等
	涉猪资讯服务	门户网站，提供行情资讯和在线培训服务	农信网等
其他领域	食品溯源平台	记录食品各个环节的食品质量安全	蓝科溯源、宝讯溯源、探感物联
	区块链技术	将区块链技术应用到食品溯源领域	阿里巴巴、京东、阳光链等

资料来源：王怀禹. 我国养猪智能化发展研究与应用进展[J]. 猪业科学，2021，38(9)：38-41.

1.2.2 国外智能化养猪现状

在美国和欧洲，对养猪业人工智能的应用主要处于研究和开发的 α 版本发展阶段。这些人工智能技术足以颠覆我们传统的养猪业思维，可以提供解决方案以降低生产每千克瘦肉的成本或显著提高 PSY。如 Ingenera SA Eco 系统能够做到无创收集猪的表型数据，并通过射频识别显示单个猪的每日、每周生长率，也可以得出瘦肉组织生长率和饲料转换为瘦肉组织的转化效率；既可以应用于单个猪，也可以为一群猪生成信息。因具有热成像和 3D 成像功能，该系统已成为 Ingenera SA 提高生物安全性和减少疾病传播的必要组成部分。

1.3　数字化养猪与猪场精准管理

1.3.1　数字化养猪

近年来，设施农业、智慧农业和绿色农业发展迅速，物联网、大数据、云计算的发展赋予了产业更高的效率。畜牧业搭乘数字化快车，主要体现在数字化生产、数字化流通、数字化营销、数字化服务和数字化管理等方面，为养猪产业带来了巨大的发展空间。2013 年，我国开始先后引进法国 ISAGRI、美国 Herdsman2000、英国 Porcitec 等猪场管理软件平台，打破了传统养猪观念，有效提高了生产管理水平。久翔软件公司开发的“猪场管家”、大北农集团研发的“猪联网”、唐人神集团推广的“神农宝”等软件平台涉及猪场管理、生产记录、选种与淘汰等项目，优化了资源配置，推动了畜牧业与大数据融合发展。阿里云研发的人工智能“ET 大脑”应用在智能养猪行业中，实现了对猪场的全方位监控，京东农牧公司依托数据技术推出“神农大脑（AI）”，打造了智能化、数字化养猪全产业链，恒大集团研发的 AI 技术推动了数字化转型升级。此外，电子饲喂站、楼房养猪等饲养模式，以及机器人、无人机的投入使用，将我国养猪产业打造成了一个“体面”行业，改变了人们眼中养猪行业“脏而臭”的落后形象。

随着规模化养猪信息化建设的快速推进，越来越多生猪养殖的龙头企业开始关注自动化、智能化设备与信息化的结合，通过不同软件之间的衔接打破“信息孤岛”，将信息技术运用于生猪产业的生产、加工、销售等环节。通过建立全生命周期养殖流程和保姆式的信息化解决方案，提高生猪养殖效率，推动我国养猪业的产业化和可持续发展。近年来，养猪业数字化变革如火如荼，但也面临诸如猪场建设无法满足需求、互联网与养殖跨界融合不深入等诸多问题。我国一些大型猪企，如温氏，自 20 世纪 90 年代初就开始探索数字化转型，并确定了信息化和数字化战略，致力于把“互联网＋”打造成公司新的核心竞争力。温氏对 IT 的使用较为全面，与国内软件巨头金蝶常年保持合作开发关系，搭建了一套以“互联网＋”为基础、覆盖全产业链的企业产、供、销、人、财、物高度集成的信息管理系统，实现生猪全生命周期的科学管理，解决生猪养殖需求，提高动物福利。

1.3.1.1　数字化养猪面临的困难和挑战

1. 猪场建设难以满足数字化养猪的需要

无论是自动化养猪装备，还是智能化养猪解决方案，或是应用数字化手段的养猪经营管理，都是为了满足猪场的疫病防控、节支增效的更高需求。然而，目前猪场建设并没有跟上迅速发展的养猪产业新需求。老猪场已有的基础设施设备无法与新的自动化、智能化装备和数字化管理的手段相匹配，部分新建设的猪场也存在没有整体规划、重复建设、多设备无协同等问题，这些都严重制约着猪场新技术的落地。

2. 互联网与养殖跨界融合不深入

在数字化、精细化养猪成为产业新业态的今天，兼具丰富的互联网知识和养殖经验的跨界人才仍然较为稀少。互联网人对养猪业的基本规律理解不深、不准确，导致开发的产品在应用场景、实现方式、经济性和稳定性等方面无法满足养猪的管理需要；很多互联网产品在落地时并未充分考虑养猪产业的实际现状、应用场景和养猪规律，如以前的众筹养猪、云猪场、山泉猪肉，后来的猪脸识别等。同样，只有养殖经验，但不了解互联网技术的运作模式、应用场景，就容易出现需求无法实现、方法笨拙等问题，使得最后研发的产品简单粗糙，影响实际效果。要想真正地实现数字化养猪，一是需要互联网技术与养殖技术深入融合，即进入这个行业的互联网人应客观认知养猪产业，多和养猪人交流，尊重养猪规律，虚心学习养猪技术，结合养猪特点开发可以落地的产品和解决方案；二是需要更多的养猪人跨界学习互联网技术，用数字化思维和手段来解决养猪问题。

3. 部分新技术的适用性和实用性不高

智能手机、扫地机器人等产品已经进入千家万户，人脸识别等新技术已经在社会各个领域得到广泛应用。这些产品和技术虽好，但并非都能直接用于养猪产业。比如说，快递员使用的手持机就不适合在猪舍里直接使用，猪舍环境下的防尘防水防摔要求与快递员、仓库管理员的要求完全不同；潮湿环境中，打印的不干胶二维码贴纸会逐渐变得不清晰，种猪卡上的灰尘和蚊蝇粪便等也会遮挡二维码，从而扫码这个简单的操作变得难以实现；基于扫地机器人和巡视机器人开发的猪舍巡视机器人也存在路径规划、障碍物避让及清洗消毒困难的问题，在猪舍里难以持续运行，甚至会给猪舍管理带来麻烦。所以养猪业的问题，需要借助民用技术结合养猪业的实际现状，二次开发新产品提高新技术的适用性和实用性，而不是照搬照抄。

1.3.1.2 数字化养猪技术的应用

1. 环境监测

运用物联网技术采集养殖环境的空气温度、空气湿度、氨气浓度、二氧化碳浓度、光照、粉尘浓度、音视频监控等信息参数，同时运用以太网、WiFi、5G 等网络技术将养殖场环境参数传输到管理软件平台，实现对养殖场环境信息的实时检测与预警通知，并根据设定的参数范围自动调节控制设备，使生猪生长环境持续保持在最佳状态。

2. 智能饲喂和生理监测

建立全自动饲喂系统的最终目的是让生猪在恰当阶段能够采食适量且营养均

衡的饲料来获得最高增重、最佳饲料报酬和最大利润。通过软件系统对饲喂的耗料数据进行运算处理，然后给饲喂器的机电部分下指令进行工作，以便对生猪的生长、繁育、健康等进行数据管理及精准饲喂管理，实现基于个体的精准饲喂、精准配方及饲喂绩效分析的目的。通过“5G＋机器人＋活动监测”实现生猪智能巡栏（如获得环境、视频、声音、运动等信息，减少人力，智能分析）；通过“机器人＋红外热成像”测温，对生猪进行无人查“房”，机器人可对视野内的猪进行体温检测，将体温异常反馈给监控中心并报警；活动感应设备对生猪所有活动及活动强度进行三维立体的量化，实时监测生猪的身体状况。

3. 质量追溯和生物安全

对生猪活体、猪肉产品等贴上唯一的身份标识，通过数据采集管理系统采集、转换和记录各生产追溯信息，并将数据上传到追溯中心数据库，令生猪活体、猪肉产品与养殖户、供应商、配送商、交易商等建立关联关系，实现通过产品条码对生猪及其产品生产流通的全过程跟踪和溯源管理。

生物安全是防止动物疫病传入或蔓延的关键，也是生产安全和产品安全的核心，可以优化养猪场环境，采取更严格的消毒、防疫、检疫及无害化处理等生物安全措施。通过动物疫病监测网络平台、屠宰行业监管系统、兽医实验室信息系统和大数据资源分析平台等，进行定期或不定期的效果评估及监管。不断加强对兽药经营和使用环节的监管力度，对照国家违禁兽药清单及农业农村部公布的抽检不合格兽药目录等数据资源库，杜绝使用违禁或不合格药品，减少抗生素药物的使用。兽医诊疗采用远程或诊断成像等现代技术来监测或检查猪，努力提高其免疫力。不断提高生猪无害化处置能力，研发和推广兼顾生物安全、动物福利及环保的生猪宰杀、疫情处置方法，通过溯源全面切断疫情传播链条，以确保养猪产业安全。

4. 企业ERP管理和数字营销

对企业的养殖计划、任务部署、作业档案、人员、设备、进销存进行日常数字化管理。依托线上和线下的公共营销网络，建立生产端与市场端的数字连接，创新新业态营销，创新生猪认养和远程养殖模式，让消费者参与到养殖过程中，增强消费者的参与感与体验感，用数字赋能生猪销售。

大数据技术在市场营销方面的优势不仅表现在销售渠道方面，更重要的是对生猪及其产品期货的价格走势进行分析和对未来产业恢复或市场供应进行预判。生猪的“产、供、销”是一个完整的产业链条，目前我国“龙头企业＋合作社＋养猪专业户”的多样化养猪方式有利于产业的稳定，形成了一套生猪产业大数据分析系统和市场信息平台，对养猪产业健康可持续发展具有重要意义。

5. 猪业融资

基于互联网金融平台，利用养殖户和经销商积累的生产、经营、销售等信用数据，通过大数据分析进行资信评级和风险控制，建立客户资信模型，根据具体的评级情况有针对性地为客户提供低成本、无抵押的信贷资金，提高生猪产业的融资效率。

1.3.2 猪场精准管理

数字化技术是猪群精准管理的核心。从荷兰科研人员研发的母猪自动饲养管理系统——Velos 系统运行十多年的实践结果来看，母猪的年产仔数可达 26.83 头，较原来 22 头有大幅度提高，平均返情率仅为 7.4%。该系统以 50 头母猪为一个自动饲养管理单位，在小、中、大型猪场均可采用。该系统可做到 24 h 不间断的精准管理，及时鉴别发情母猪，避免人工察情的漏判与误判，能够及时鉴别并分离病猪，保证它们能第一时间得到处置。在母猪的耳标中安装芯片，芯片中存有该母猪所有的个体生物档案信息。当母猪要走进自动饲喂器采食时，设备会自动识别该母猪，并根据识别信息（耳标号、背膘、妊娠期等）决定一天投料量。母猪吃完料后，进入分离器，分离器根据识别的体温指标、一天吃的料量以及探望公猪的次数，将病猪与发情母猪分离出来，以便人工及时处理。数字化饲养系统为母猪创造了自由活动的环境，避免了限位栏饲养对母猪心肺功能、肢蹄、泌尿生殖系统的伤害，以及产生的应激和免疫抑制，使母猪及后代仔猪的健康水平都显著提高。该系统可真正做到个性化饲喂，不浪费饲料；避免了人工饲喂造成的过肥或过瘦带来的生产性能下降和饲养成本上升的问题。

近年来，国内在猪群的精准管理方面也做了很多有益的探索。林升峰建立了一个基于模糊控制器针对妊娠母猪的饲喂量控制模型，可根据妊娠母猪所处的生产阶段及体况进行精准饲喂。周洪等设计开发了一套哺乳母猪智能饲喂器，该设备不仅可使哺乳母猪在 1 d 内多次采食，实现哺乳母猪采食量最大化，还可有效地减少饲粮浪费量和人工劳动强度，在哺乳母猪养殖中具有积极意义。黄利军等开发了一种智能液体饲料饲喂设备，可有效地减少育肥猪的饲粮浪费量，改善猪舍环境。易烈运等根据生猪生命曲线喂食量设计了一套智能自动化生猪饲喂系统，实现了定时定量饲喂。此外，智能仔猪饲喂器的使用，可实现对仔猪的精准饲喂，使仔猪少吃多餐，大幅度降低仔猪的腹泻率。但在实际生产中，国内自动化喂料设备还存在粉尘较多、投料精度低和设备费用高等诸多问题，需重视饲料运输管道的材质研究，使其既便宜又耐用；将喂料设备的主要成本聚焦在控制系统的应用上，使其既精准又不改变饲料的营养结构；对放料产生的粉尘问题则需要考虑成本与效益之间的关系。此外，我国现有液态料自动输送设备大部分是引进国外设备技术后进行改良优化的，使其适用于本土的养猪生产，目前主要存在问题是自动控制设备的控制精度不够，饲料混合过程中出现饲料分层、营养素分离等现象。养猪业中自动化饮水设备有乳头式饮水器、鸭嘴式饮水器和杯式饮水器等，国内较为常见的是鸭嘴式饮水器，有的还配备饮水自动加热设备。

思考题

1. 什么是智慧猪场？
2. 数字化养猪面临的困难和挑战都有哪些？

第2章

智能养猪配套设备与应用

【本章提要】本章主要内容包括母猪智能化饲喂系统的技术原理、技术优势、技术特点，种猪生产性能测定系统的发展历程及生产性能测定站的情况，猪分拣系统的分类及技术原理，智能液态自动饲喂系统的发展及应用情况 4 大方面内容。

2.1　母猪智能化饲喂系统

段栋梁、赵培杰等利用射频识别与自动化控制、计算机管理技术，分别开发了母猪智能化管理系统，从自动饲喂、发情鉴定及智能分离等方面实现了群养母猪的个体精细化管理，以及妊娠母猪生产全过程的自动化，显著提高了母猪群的繁殖生产效率和猪场的养殖效益。李颀等通过给母猪佩戴加速度传感器采集节点，张光跃等基于超声波传感器，分别设计了产前母猪行为特征监测系统，以便实时监测母猪行为，并分别通过 K 均值聚类算法、支持向量机及 K-means 聚类算法建立模型，分类识别母猪的站立、躺卧、进食、筑巢等典型行为特征，从而建立母猪分娩时间预测模型。刘龙申等建立了利用 CMOS 摄像头和 FPGA 采集视频图像的软硬件系统，通过机器视觉技术实现对母猪分娩的监测；张弛等通过机器视觉技术，采用 Canny 算子与团序列检测算法能从分娩图像信息中识别新生仔猪并提供预警信息。施宏等利用 Microsoft 公司的 Kinect 体感器设备采集限位栏内小梅山母猪的哺乳期数据，使用 DBSCAN 密度聚类算法识别侧卧与趴卧，使用基于脊背线提取的识别算法识别哺乳期母猪站立与坐立的姿态，为母猪哺乳能力的评判与健康状况的分析提供了技术支持。薛月菊等基于 Faster R-CNN 和隐马尔科夫模型，通过母猪深度视频姿态转换识别方法，识别母猪在哺乳过程中的姿态、行为及高危动作。

2.1.1 基本信息

母猪智能化饲喂系统主要包括母猪智能化精确饲喂系统、母猪智能化分离系统,母猪智能化发情鉴定系统。由电脑软件系统作为控制中心,一台或多台饲喂器作为控制终端,众多的读取感应传感器为电脑提供数据,同时根据母猪饲喂的科学运算公式,由电脑软件系统对数据进行运算处理,并指令饲喂器的机电部分进行工作,以达到对母猪的精确饲喂管理及数据管理。

传统的集约化饲养中,往往采用定位栏饲养妊娠母猪,以便对母猪采食进行调节,避免母猪抢食的问题,但妊娠母猪只能在狭小的定位栏里活动,运动不足,易受到各种环境因素应激的影响,而且母猪的采食量也不够精确。在传统的群养模式下,母猪虽然得到了运动,但是母猪的采食量又不易控制,母猪的体况往往不均匀,从而影响其后面的生产质量。为了解决上述问题,智能化母猪饲喂系统被研发应用。使用该系统饲喂妊娠母猪,不仅能使母猪回归到群居的状态,符合其生物学特性和对动物福利的要求,还能够对母猪进行精确饲喂,控制母猪的体况,发挥母猪的繁殖潜力,提高猪场的管理水平及工作效率。

2.1.2 使用优势

一是提高生产效率,管理人员的工作效率高。一个母猪群体规模为 750 头的种母猪场,只需要 2～5 个人就可以实现对猪场的管理;管理人员的工作很轻松,进场后的工作主要是进行配种、转群、观察、处理等必须由人来完成的操作;母猪的繁殖生产效率高,可以使群体获得优秀的繁殖生产成绩;养殖的整体经济效率高,通过高度的自动化管理,实现对群养母猪的个体化管理,避免了人为因素对养猪生产造成的影响,使得养殖的整体经济效率大幅度提高。

二是提高动物福利水平。按照动物福利要求,猪场全面放弃定位栏,采用大群养殖的模式,让母猪随意运动,每头母猪的活动面积扩大到 2.5 m^2/头;通过自动饲喂系统的使用,实现大群饲养条件下的个体精确控制,群体内的母猪可以自由分群,随意组合,并且自由选择采食时间;通过对特定行为学特征的自动监控,配合特殊的个体识别系统,可以实现对特殊个体(如发情母猪、返情母猪等)的自动识别和隔离,从而减少人为观察的工作量和主观性误差的产生;为猪提供宽松的生活环境,减少应激,确保了生产效率的提高。

三是实现生产数据管理的智能化。系统可以自动完成对每一头母猪体重的监控并以制图的形式加以反映,为管理者提供最精确的数据;对于群体每一个阶段的生产数据,系统还可以通过中心控制电脑进行辅助分析并制作各种生产报表,为管理者提供群体数据;与市场相关的各种供销信息,由养猪协会统一协调管理。

四是降低防疫风险。减少饲料在运输和饲喂过程中的污染问题，减少人员进入猪舍的次数，减少人员与猪的接触机会，有利于实现饲养管理的规范化、科学化，提高饲养管理的水平。

2.1.3 Nedap Velos 母猪智能化群养管理系统

Nedap Velos 母猪智能化群养管理系统利用 RFID 技术，实现群养模式下对母猪个体的精准饲喂和科学管理，以及生产过程的高度自动化控制，从而大大提高生猪生产效率和经济效益。该系统主要是由系统电源、中央控制器、数据读取电机控制器、电子耳标、扫描器、饲喂站和电脑组成。

2.1.3.1 工作原理

Nedap Velos 母猪智能化群养管理系统中的电源给系统提供电力。中央控制器是系统的核心部分，当它接收到数据读取电机控制器传来的信息时，会对信息进行处理，处理后会把处理结果传达给数据电机控制器，而后数据电机控制器会对其下行设备进行控制。中央控制器可以独立运行，即使控制室的电脑处于关闭状态，它也能够自己独立运作。数据读取电机控制器是母猪电子耳标信息的接收者，当母猪进入饲喂站采食后，它会把母猪电子耳标里的信息传达给中央控制器；电子耳标是母猪的信息载体，每头母猪都有自己的电子耳标，通过电子耳标记录自己的信息。

当母猪进入饲喂站后，系统就会根据其信息进行个性化饲喂，与其他母猪的饲喂互不干扰。扫描器是系统运作的一个移动操作终端，当母猪信息需要改变时，工作人员可以用扫描器扫描母猪的电子耳标，也可以在扫描器上进行母猪信息的改动，当回到控制室后，再把它上传到电脑，把信息传达给中央处理器处理，控制其下行设备的运行。饲喂站是母猪进行采食的地方，当母猪到达饲喂站后，系统接收到母猪的电子耳标信息，对其进行相应的个性化投料。电脑是工作人员的直接控制终端，通过系统的界面对母猪进行控制。

2.1.3.2 技术特点

Nedap Velos 母猪智能化群养管理系统可保证每头母猪在非常好的条件下生长，先进的个体识别技术使母猪的管理可以同时达到群体和单体水平，可以更好地掌握母猪的年龄、生产阶段、环境条件等信息；通过灵活使用这个管理系统，可以给母猪带来更适宜的条件，达到效益最大化生产。

选择最好的栏位：农场的大小、养殖制度、新建的或修复的猪舍、是否使用干草，这些因素在为特定猪场选择最好的体系时，都起着重要作用。

自动识别和记录：Nedap Velos 系统以电子识别为基础，使用有弹力的、防潮的、梯形电子耳标，不仅可以在系统内识别母猪，还可以用手提式阅读器 V-scan 读取、输入、修改信息，在猪场直接识别和记录母猪的情况。

实现电子饲喂：在曲线图表中建立母猪需求的饲料量，因而每头母猪可在饲喂站自动获得精准的饲料量和母猪所需要的饲料组成成分，保证了最高效的个体饲喂。

24 h 自动发情检测：母猪发情时，Nedap Velos 系统会准确地发出警告，当母猪“访问”公猪时，系统会识别、监视并自动记录母猪的访问过程，判断它是否发情。发情母猪会被自动标记、移至待处理区域；没有发情的母猪，通过分离器的默认出口返回大群躺卧区，这种检测是 24 h 不间断的。

保持合理猪群大小：稳定型群养妊娠母猪的管理，经始混合后群体大小保持不变，首选的组成时机应该是断奶的时候，母猪群体大小保持在 25～30 头更加合适。50 头猪可用一台饲喂器饲喂。

2.1.4　HHIS 母猪智能化精准饲喂系统

HHIS 母猪智能化精准饲喂系统为每头母猪提供了一个无线射频耳标。通过系统传感器对无线射频耳标的识别，精准饲喂系统可迅速调用相应档案信息（耳标号、背膘、妊娠期等），从而正确决定一天投料量，同时给予母猪适当的饮水，保证其理想体型。

2.1.4.1　工作原理

给母猪佩戴电子耳标，通过耳标读取设备读取、判断猪的身份，并将信息传输给计算机，同时通过称重传感器将该猪的体重传输给计算机。管理者设定该猪的妊娠日期及其他的基本信息，系统根据终端获取的数据（耳标号、体重）和计算机管理者设定的数据（妊娠日期）运算出该猪当天需要的进食量，并将信息传输给饲喂设备为该猪分量分时下料。同时系统获取猪群的其他信息来进行统计计算，为猪场管理者提供精准的数据进行公司运营分析。功能包括实现饲喂和数据统计运算的全自动；耳标识别系统对进食母猪进行自动识别；对每次进食母猪耳标标号、进食时刻、进食用时、进食量进行记录，并根据体重及妊娠天数自动计算出当天的进食量；自动测量母猪的日体重，并计算出日增重；对控制设备的运行状态，测定状况、母猪异常情况进行全面的检测及系统报警；实现时时数据备份功能，显示当前进食猪的状态。

2.1.4.2　技术特点

高度自动化控制：① 自动供料。整个系统采用“储料塔＋自动下料＋自动识别”的自动饲喂装置，实现了完全的自动供料；② 自动管理。通过中心控制计算机系统的设定，实现了发情鉴定及舍内温度、湿度、通风、采光、卷帘等的全自动管理。③ 数据自动传输。所有生产数据都可以实时传输并显示在农场主的个人手机上。④ 自动报警。场内配备了由电脑控制的自动报警系统，出现任何问题电脑都会自动报警。

系统管理软件：包括应用程序及数据库：应用程序实现人机对话、控制给定、数据存储、数据处理、显示猪异常报警、记录报表等功能；数据库用来存储数据，方便管理者查询及备份数据。面向操作人员提供良好的人机界面，为科学管理者提供可靠的依据，对提高生产效率、降低生产成本提供有力保障。

发情鉴定系统：可计算出某头母猪当天探望试情公猪的次数及持续时间，以鉴定母猪是否发情。

智能化分离系统：可根据识别的体温指标、日采食量以及发情鉴定系统的检测结果等，自动喷色记忆将病猪、发情母猪、妊娠母猪、临产母猪、免疫接种适期母猪、未戴耳标母猪等分离出来，以便人工及时采取相应处理措施。

2.1.5 部分国产母猪智能化精准饲喂系统

部分国产母猪智能化精准饲喂系统，如 Compident Ⅶ 母猪智能饲喂系统和 Compident Smart 母猪智能饲喂系统等，主要分为三个功能区：后备母猪训练区、组群区和妊娠母猪群养区。

后备母猪训练区是指将后备母猪从后备舍赶出进行训练的区域。设计目的是让后备母猪提前熟悉设备，在配种后能更好地适应饲喂站的采食习惯，训练时间大概为 3 周，时间长短也可根据训练人员的熟练程度和猪本身的特点进行相应调整。

组群区是指训练后的母猪和从分娩栏出来的母猪的混合饲养区域。设计目的是对训练过的母猪和分娩结束的母猪进行组群，形成一个群组的内部排序，使其在进入妊娠母猪群养区之前提前熟悉并适应彼此，减少进入正常妊娠群养区后因应激咬斗而带来的流产风险，混合饲养时间为 3 d 左右。对达到发情指标的母猪进行配种，配种后转入饲喂站，未发情的母猪转入空怀小栏。

妊娠母猪群养区是指组群区配种结束后的妊娠母猪的饲养区域。

2.1.5.1 工作原理

给猪佩戴电子耳标，系统根据终端获取的数据（耳标号、体重）和计算机管理者设定的数据（妊娠日期）计算出该猪当天需要的进食量，分量、分时下料。

系统通过获取猪群的其他信息判断猪是否需要分离或喷墨标记，同时监控系统进行各种数据信息的储存与处理，为猪场管理者提供精确的数据分析和最佳的处理方法。

饲喂站通电，设备指示灯绿色，表示系统正常启动，母猪可以到饲喂站采食。母猪进入主通道后，进入门会在气动装置作用下及时关闭，防止尾随母猪进入。当母猪走到食槽位置时，读取器读出母猪佩戴电子耳标信息后，食槽弹出并定量下料、下水。当母猪采食完毕后，食槽弹回，母猪从出口通道离开饲喂站后，进入门打开，等待下一头母猪采食。

每台饲喂站里母猪的采食情况都可以在计算机软件中查到，如每头母猪采食是否充足等。

2.1.5.2 技术特点

饲喂电脑管理系统：操练系统稳定，界面中文表述，易学易用。配备母猪移动管理系统，管理者可以随时通过手机查看母猪生产数据，数据与饲喂系统保持同步更新。

返情鉴定站：母猪智能饲喂系统配套产品，可以高效、及时地查找返情母猪，提高配种率。

基站显示器：多台站可以共用 1 个基站显示器，即插即用，操作灵活方便。可以显示耳标号、栏位号、分群号、剩余饲料配额、使用状态等信息，同时还可以实现不同基站模式之间的互相切换和投料器校正等功能，与远程遥控器互相配合使用，可以远程手动操作基站。

投料器：每个基站可携带 2 种投料器，实现主料和辅料 2 种料型的投料，包括 140 L 主料仓（转盘精准投料器）、20 L 或 70 L 辅料仓（螺旋精准投料器）、6 L 辅料仓（微量元素或药物投料器）等。

定量下水装置：分配器每次投的料都是定量的水与饲料相混合的混合料，使母猪可以吃到湿拌料，提高了饲料转化率。

自动喷色器：可安装三种颜色，实现自动喷色，便于辨别和管理猪群。

分群机构：为实现自动分群、隔离等管理目标而设计，有可分群或分离单头猪的功能；按不同妊娠日、产前或其他原因分群；通过控制出口门保证高可靠性；提前或事后提供分群猪报告；每个站单独配备分选器进行筛选。

2.2 种猪生产性能测定系统

种猪生产性能测定是提升种猪品质、提高生产水平、科学选种选配、开展生猪育种的重要工作，在生产实践中要根据测定结果来评判种猪遗传改良效果。

2.2.1 种猪生产性能测定发展历程

2.2.1.1 早期的人工选择

我国是猪驯化饲养最早的国家，在我国养猪历史中，人们为满足需求，会在猪世代繁衍的过程中进行人工选择，而选择的依据就是种猪性能测定的结果，如体型外貌、生产性能和胴体组成等。达尔文在《物种起源》中记载了中国人民对人工选择及变异观念的卓越贡献，多次提及中国猪种改进欧洲猪种的价值与贡献。

2.2.1.2 数量遗传学理论推动种猪测定快速发展

孟德尔在1865年发现遗传定律后，统计学家、遗传学家和生理学家在验证、拓展孟德尔遗传定律基础上，融入生物学、统计学等学科理论，使之发展成为数量遗传学，使某些数量性状的表现值如生长速度、瘦肉率等可以通过随机抽样来测定，并借助数学模型(如BLUP)来分析研究遗传参数(遗传力、遗传相关、选择指数和育种值)，预测遗传动态，而数量遗传学预测则是以大量的种猪性能测定数据为基础的。

数量遗传学理论的发展推动了种猪测定的发展，种猪测定结果的应用成就了育种的新技术、新方法，如群体继代选育的发展与应用，育种目标与育种技术的发展，推动着测定技术和方案的优化；测定新技术、新方法的综合运用，加快了新品种的育成，因为种猪测定是育种的基础，没有测定，就没有真正意义上的育种。

2.2.1.3 后裔测定在种猪测定基础上兴起

1887年，丹麦用英国大白公猪和长白母猪杂交，生产的瘦二元杂交商品猪出口英国，由于养猪生产者使用杂交种进行生产，导致商品猪质量不稳定。为提高商品猪质量，丹麦成立了“国家认证育种中心”，建立了世界上第一个育种猪群，在国家层面开展种猪质量认证、纯种选育、种猪登记和杂交生产。由于只依据种猪外形评定难以选出具有优秀遗传品质的个体，所以早期的种猪认证和评分并不顺利。丹麦于1899年首次在育种群中开展了后裔测定，1907年建立了世界上第一个种猪后裔测定站，在总结早期后裔测定经验的基础上，制定了种猪后裔测定标准，并按照该标准，在相对一致的测定方法、饲料营养、饲养管理和环境条件下开展后裔测定。

由此可见，丹麦长白猪成为世界著名的瘦肉型猪种，与丹麦成功开展的种猪后裔测定密不可分。继丹麦之后，世界各国兴起了种猪后裔测定热潮，如1923年瑞典、1935年加拿大、1960年日本等相继建立了种猪后裔测定站。

2.2.1.4 种猪测定发展

后裔测定是利用种猪多个后裔的性能测定成绩来评估该种猪的遗传能力或种用价值。随着遗传力学说的发展，费时费力的后裔测定已不能适应猪育种中一年一世代的需要，而是逐步被利用种猪本身及其全同胞或半同胞的性能测定成绩来评估该种猪的遗传能力或种用价值的同胞测定所取代。

1956年，第二届国际超声学术会议的召开促进了超声技术应用，欧美等国家的育种者开始将超声技术运用于种猪测定，活体超声测膘技术快速取代了刺尺测膘技术，利用种猪个体本身的性能测定成绩来评估该种猪的遗传能力或种用价值成为猪育种必备的技术手段。

综上所述，种猪测定经历了后裔测定→同胞测定→个体测定的演化过程，在此过程中，超声活体测定技术的发展与应用，数量遗传学理论及遗传力学说的应用对该过程起到了关键性的推动作用。也就是说，猪育种目标的改变，促进了新技术、新方法在种猪测定中的应用与发展，猪育种理论的发展完善，加速了新技术、新方法转化为种猪测定的技术和方法，使得种猪性能测定成为猪育种的基础，并延续至今。

人们关注猪肌肉品质变劣问题时，就研发氟烷测定技术及酶活、酶型检测技术并在种猪测定中应用；关注基因组选择时，就催生了 DNA 标记、基因测序、基因探针等检测技术在种猪测定中应用；关注种猪胴体性状和肉质时，就出现了计算机断层成像技术、核磁共振技术在种猪测定中应用。市场需求的变化永远是猪育种的目标和方向，伴随着育种目标的变化，必然催生出新的测定技术、测定方法，并呈现多层次、多元化的结构性变化。全基因组选择与常规育种相结合的育种技术或许是猪育种的发展方向，大数据与育种技术结合也将催生出大数据的跨区域同步种猪测定技术。

2.2.2　种猪生产性能测定系统

种猪生产性能测定是指按照种猪生产性能测定制度，将测定猪群置于一定的环境条件和营养水平下饲养到目标体质量时，对测定目标进行一定参数的度量，在测定过程中，需要连续记录测定对象的采食量及体质量的变化数据。国内外已经开发了具有不同特点的种猪性能测定装置及软件系统，较好地将机电设备、嵌入式系统及上位机远程控制系统集成起来，完成数据的自动采集与分析。通过给种猪佩戴电子耳标来确定其信息，通过传感器判断其身份，并传输给计算机系统，根据终端设备获取的数据（耳标号、进食量、体重），计算出种猪当日采食量和当日体重，最后计算出该猪的采食量和增重情况，从而为管理者提供一些数据分析。

该系统基本功能有自动控制饲喂和测定过程；自动识别进食种猪；自动测定每次进食种猪的耳标号、体重、开始进食时刻、进食用时和进食量，并计算出日进食量；自动测定每日的体重，并计算出日增重；自动测定体重达 30 kg、50 kg 和 100 kg 的日龄；自动计算日饲料报酬；自动在软件里校正背膘厚；自动计算评估综合指数，并且按综合指数排序；自动生成日测定明细表；自动生成日测定统计表；自动生成日龄段统计表；自动生成测定结果报表；自动绘制测定期内生长性能曲线。

种猪生产性能测定系统用于种猪生产性能测定、饲料性能测定等，被遗传育种公司、高校研究实验室、政府部门检验中心、饲料生产企业、大型猪场等广泛应用。

对种猪个体的各生长阶段采食量、日增重、饲料报酬进行测定，育种工作者可根据种猪生产性能测定系统所获得的测定数据，对不同测定猪的任何生长阶段的日增重和饲料报酬数据进行比较，从中选择理想的种猪。

2.2.2.1 全自动种猪生产性能测定系统 FIRE

全自动种猪生产性能测定系统 FIRE 可以利用 RFID 电子耳标的识别技术，从一个群体中识别出每个个体，并对个体进行测定和记录。

1. 工作原理

该系统由软件和硬件两部分组成，其专用软件 WinFIRE 用于对测定数据的收集、传送、储存并生成形式多样的数据报告和图表。硬件部分主要完成在全体饲喂环境下，对测定猪进行识别和生产性能数据的采集、储存和传送，以被动方式获得测定猪生产性能的数据，也就是说，测定系统在采集数据时不会对测定猪的自由采食过程进行干扰。FIRE 系统的硬件部分是由一个个独立的测定站组成的，每个测定站以并联的方式连接在系统上，一个 FIRE 系统最多可同时管理 128 个测定站，每个测定站安装在一个测定栏内，对 12～15 头测定猪进行饲喂和数据采集。

当佩戴电子耳标的测定猪进入测定站采食时，FIRE 测定站立即记录该测定猪的电子耳标号码（对测定猪进行识别），并记录该测定猪进入或退出测定站的时间、进入前或退出后料槽的重量，其中料槽的重量差即为该测定猪此次的采食量，同时测定并记录该测定猪本次采食时的体重。由于测定猪是自由采食的，每头测定猪每天将进入 FIRE 测定站采食 6～12 次，FIRE 系统将每头测定猪每次的采食量自动累加成每天的采食量记录，并从当日测定的体重值中取一个中间值作为该测定猪当天的体重，以此作为计算猪日增重和饲料报酬的数据基础。

2. 性能

该全自动种猪生产性能测定系统的可靠性、测定精度以及软件算法均通过国际权威机构和国内多家知名高等学府的实验验证。通过测定系统硬件所收集到的数据，WinFIRE 软件系统就能够为管理者及决策层提供种类繁多的报告和图表，包括测定猪日数据报告、任意测定区间的测定猪生产性能类总报告、任意测定区间的测定猪采食量类总报告、任意测定区间的测定猪增重报告、任意测定区间的测定猪饲料报酬报告、任意测定区间的测定站报告以及各种曲线和图形等。WinFIRE 软件可根据用户需要以不同的格式输出报告和图表，并且输出的数据可以直接用于国内广泛流行的育种或猪场管理软件。

3. 技术参数

测定站尺寸：68.6 cm×188 cm，附带个体测定秤。

每个测定站测定猪数量：根据饲料种类，每站可测定 12～15 头。

系统可管理的总测定站数量：每个测定系统最多可管理 128 个测定站。

准确性：测定的采食量和实际采食量的标准误差，在 99% 的置信度下低于 1%，在 95% 的置信度下低于 0.5%。

测定栏面积：测定栏面积不少于 15 m^2。

电源要求：各测定站最大电流为 0.5 A，电压 110/220 V，50/60 Hz。

接地要求：安装设备的测定舍的接地电阻不大于 1 Ω。

2.2.2.2 Compident 种猪生产性能测定站

Compident 种猪生产性能测定站，每站可饲养 12～15 头猪，主要是用来测定种猪的生长信息。它具有两个主要功能：一是当待测定猪进入测定站采食时，测定站将会通过射频自动识别电子耳标，并根据测定猪进入、退出测定站的时间、料槽重量来计算出测定猪的采食量；二是系统配备称重系统，在测定猪采食的过程中称重器自动对其进行称重，并通过软件系统进行记录分析，最后生成详细报告，供管理者参考使用。

1. 性能

Compident 种猪性能测定系统是电脑控制的电子饲喂系统，可以在育肥阶段对测定猪进行定量饲喂。特点：饲料称重非常准确，最多 3 g 误差；粉状及颗粒状饲料均可饲喂；自动回置料槽以及对所剩饲料进行称重；结实的测定站系统，可以直接给 25～110 kg 的测定猪调整进食区；测定站中的机械控制由气动阀门来控制，运行安静、速度可调；与测定猪相接触的部件由不锈钢或塑料制成，高度卫生，可长时间使用；如果没有进食发生，饲料槽可以加盖保持干净；对动物友好的设计，使测定猪不会尝试违规行为；多种评测分析软件，记录数据的用户浏览界面；中央计算机可自动接收数据。

2. 技术参数

测定站：进食区可进行尺寸调整，以适用于 25～110 kg 的不同测定猪大小；自动气动食槽门；不锈钢的下料器及食槽；TIRIS 识别配 ALFLEX 发射器，或 ISO 标准的识别器；测定站可以完全独立工作；存储器可以存储 150 个每日消耗饲料数据及 1 000 个日志数据；程序简单易用；可以手动操作；控制器具有 8 行显示。

中央计算机系统程序：自动导入导出数据，每天自动收集数据，导入导出数据库；对记录数据分析评价，可分析测定猪访问情况、每日剩余饲料、每月剩余饲料情况，平均逗留时间、消耗饲料、访问站的次数等，以及提供各时间段的图表比较；中央操作界面可在 PC 端操作核实，如测定猪分步、测定猪体重、进入数据、测试开始和结束时间；数据撤销、警报、操作参数及流程；在 PC 端进行全面数据保护(备份)。

称重组件:在预先设定的每日进程中,饲喂只在规定好的时间里被激活;如果一只测定猪在进食过程中被另一只测定猪赶走,导致耳标不再被识别,饲槽门将被立即关闭,留在食槽中的饲料将被称重,消耗的饲料将被存储;测定猪再一次被识别,并且当日存量还有剩余时,进食过程将再一次被启动;自动称重体重达 130 kg 的育肥猪;称重部分可以加装在测定站的前方,并与控制器相连;真实的体重数据将与相应的测定猪绑定并被保存。

2.2.2.3 部分国产种猪性能测定站

大部分的国产种猪测定系统也是利用 RFID 射频无源电子耳标的识别技术,识别每个进站测定猪个体的身份,并对每个个体采食过程进行动态不间断测定和记录。

1. 工作原理

测定系统中每个测定栏安装一台测定站,每个测定站最多可以饲养 12～15 头测定猪。当戴有电子耳标的测定猪进入测定站采食时,测定站会立即识别出测定猪的电子耳标号码,并对每个测定个体建立测定记录;当采食过程结束后,系统会自动计算、记录测定猪此次进入和退出测定站的时间、采食量。在测定猪采食的同时,个体秤重秤将记录该测定猪本次采食时的体重值。根据猪的习性,每头测定猪每天按等级排序进入测定站采食 12～15 次,系统将每头测定猪每次的采食量自动累加成为每天的采食量,并更新数据库数据,把每一头种猪每一次监测到的体重经计算机汇总计算的数据作为测定猪当天的体重,以此作为计算其日增重和饲料报酬的数据基础。

2. 性能

种猪生长性能自动测定系统能够测定出种猪生长过程的各项精准数据,并自动生成各种报表、自动绘制生长性能曲线,为种猪的选择、育种提供指标参数,也可以依据饲料实际饲喂效果的精准数据,比较选择最佳配方饲料。系统实现的各项功能包括自动控制饲喂和测定过程;自动识别进食猪;自动测定每次进食的测定猪的耳标号、开始进食时刻、进食用时和进食量,并计算出日进食量;自动称量测定猪每日的体重,并计算出日增重;自动测定体重达 30 kg、50 kg 和 100 kg 的测定猪的日龄;自动计算日饲料报酬;自动生成日测定明细表;自动生成日龄段统计表;自动生成测定结果报表;自动绘制测定期内生长性能曲线。

3. 技术参数

控制器:PLC 主机、触摸屏。

供电电源:配电箱 220 V,设备 24 V,断电后电池可使用 8 h。

设备功率:50 W。

电机型号：步进电机，无碳刷，免维护。

测定个体数：一次最多15头。

测定范围：25 kg以上，另有保育猪专用测定设备(可限饲)。

料秤精度：料秤量程3 000 g，称量误差≤±2 g。

体重秤精度：体重秤量程300 kg，称量误差≤±0.2 kg。

射频识别：感应距离20～25 cm，响应时间≤0.5 ms。

显示信息：耳标号、体重、进食量、料肉比。

工作环境：温度－10～50 ℃；空气相对湿度15%～80%。

主体材料：304不锈钢，PP板。

数据传输：测定站之间RS485，测定场之间VPN。

2.3 分拣系统

猪体重是智能化养猪管理过程中非常重要的一个指标。在大型养殖场中，实时、准确获得或控制每头猪的体重是不可能的。猪场中每头猪的体重、健康状态等都存在差异，差异较大的猪群存在自然丛林法则。体重较大或比较健康的猪有较强主宰能力，能获得较多的饲料，从而获得较快的生长。体重较小或健康状态不佳的猪是弱势群体，常常受到欺负，不能获得足够的饲料，而且越是在饲料不足的情况下，这种现象越发明显。如果不及时分拣，将小、弱猪单独饲养，那么这些小、弱的猪与其他猪的体重差距将越来越大，健康状态也会越来越差，甚至死亡，给猪场造成经济损失。因此，及时分拣对保持猪群整齐度进而保证猪场经济效益具有重要意义。

传统的分拣工作主要依靠饲养员的经验进行，但经验因人而异，所以往往造成猪群大小不一、均匀度较差。并且传统的分拣工作量大、危险度高，往往有工作人员受伤事故的发生。智能化的分拣系统包括称量分拣系统和智能识别分拣系统，能够有效避开人工分拣的缺点，准确称量每头猪的体重，以统一的标准判断每头猪的健康状态，具有快速、准确、安全、广泛、人工成本低、对猪刺激小的优点。

2.3.1 称量分拣系统

称量分拣系统是通过称量猪体重将猪分入不同饲喂区的系统，即在高能量饲喂区为小、弱猪提供充足的较高能量饲料；在低能量饲喂区为正常猪提供普通饲料或较低能量饲料，从而减小个体间的差异，保障猪群整齐度。这个系统包括自由饮水区、高能量饲喂区和低能量饲喂区三部分。在高能量饲喂区和低能量饲

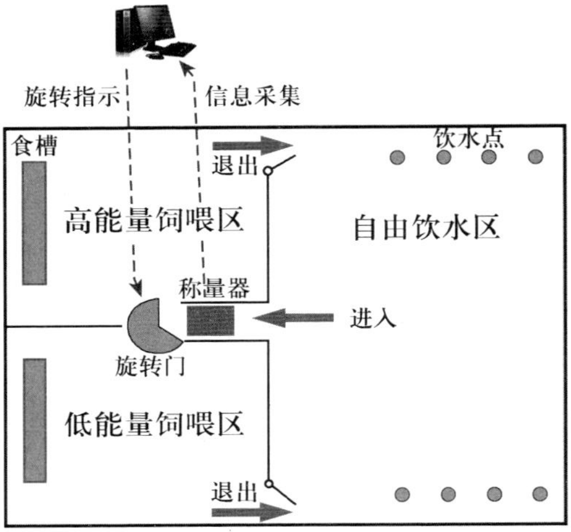

图 2-1　称量分拣系统

喂区之间设置旋转门，在旋转门前设置称量器称量猪体重，主控电脑根据猪体重控制旋转门，将猪引入高能量或低能量饲喂区（图 2-1）。经过适应学习后的猪，在饮水区休息后想采食时，就会通过中央的通道去往饲喂区；当通过称量器时，称量器自动将猪的体重数据传输给主控电脑，主控电脑将其与猪群数据比对分析，判断这头猪的体重在猪群中属于低体重还是高体重，然后指示旋转门旋转，将低体重猪引入高能量饲喂区、高体重猪引入低能量饲喂区。在采食后，猪通过两侧的单向门回到自由饮水区饮水、休息。

2.3.2　智能识别分拣系统

智能识别分拣系统是通过视觉识别对猪进行分拣的系统。与称量分拣系统不同，智能识别分拣系统不是通过称量猪的体重进行分区饲喂，而是利用摄像机对通过的猪进行拍照，通过中央控制电脑对照片进行分析，判断猪的体重及健康状况，然后指示旋转门将猪分区到高能量或低能量饲喂区（图 2-2）。从而调整猪群整齐度，达到同步出栏的目的。

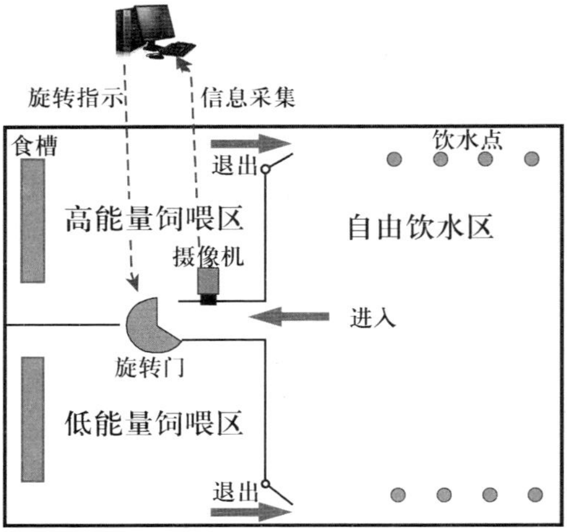

图 2-2　智能识别分拣系统

Win 等的文章充分阐述了智能识别分拣系统的应用。该系统利用激光感知、摄像机拍照、旋转门引导完成了对猪的分拣。在图 2-3(a)中，展示了设置在去往饲喂区通道中的激光感知器、摄像机及激光感知原理。图 2-3(b)中展示了激光感知器探测到猪的情况。图 2-4 展示的是通道中摄像机和激光垂直感知的区域。白色箭头

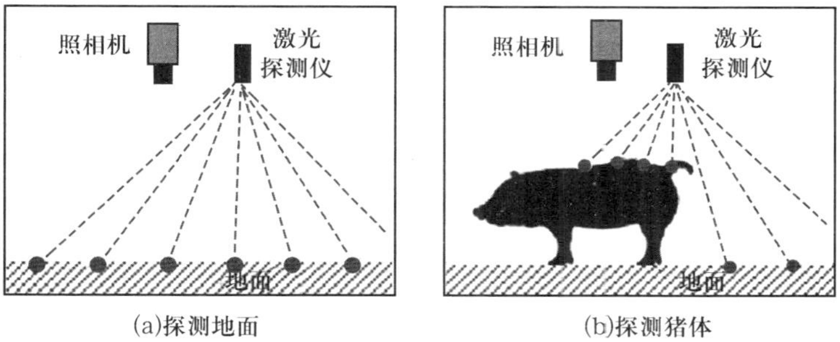

图 2-3 激光感知和照相

资料来源:Win K D,Kawasue K,Yoshida K, et al. Automatic pig selection system based on body size using a camera: rotating mechanics for pig selection[J]. Artificial Life and Robotics. 2020.

所指区域是关闭通道入口闸门的感知区;拍照和背影面积估算区域是摄像机拍照的测量区域。猪从右到左进入通道去往饲喂区时,当通过白色箭头所指区域时,被激光探测到而通过主控电脑指示入口闸门关闭,以防其他猪进入影响摄像机拍照。当猪完全进入拍照和背影面积估算区域时,摄像机自动对猪拍照,并将照片传送给主控电脑,主控电脑通过与数据库比对,判断出猪的体重并指示旋转门将猪引入适合的饲喂区。白色箭头所指区域、拍照和背影面积估算区域的大小可以在电脑上调节。

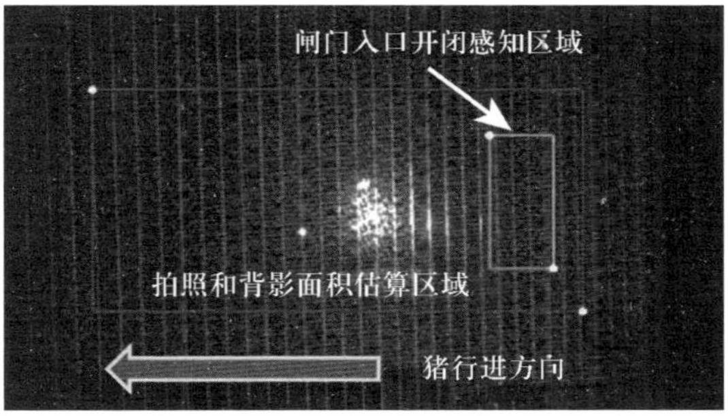

图 2-4 激光感知区域和控制

资料来源:Win K D,Kawasue K,Yoshida K, et al. Automatic pig selection system based on body size using a camera: rotating mechanics for pig selection[J]. Artificial Life and Robotics. 2020.

主控电脑事先已安装了照片与猪体重相对应的数据库,通过对照片(图 2-5)中猪体的白色像素分析,能迅速判断出猪的体重,从而指示旋转门引导猪进入不同的饲喂区。通过大量照片数据积累,可实时了解猪群的体重和健康状态。根据各个阶段猪群的状态,及时调节饲料配比,可以获得满意的猪群生长速度,同时可以预

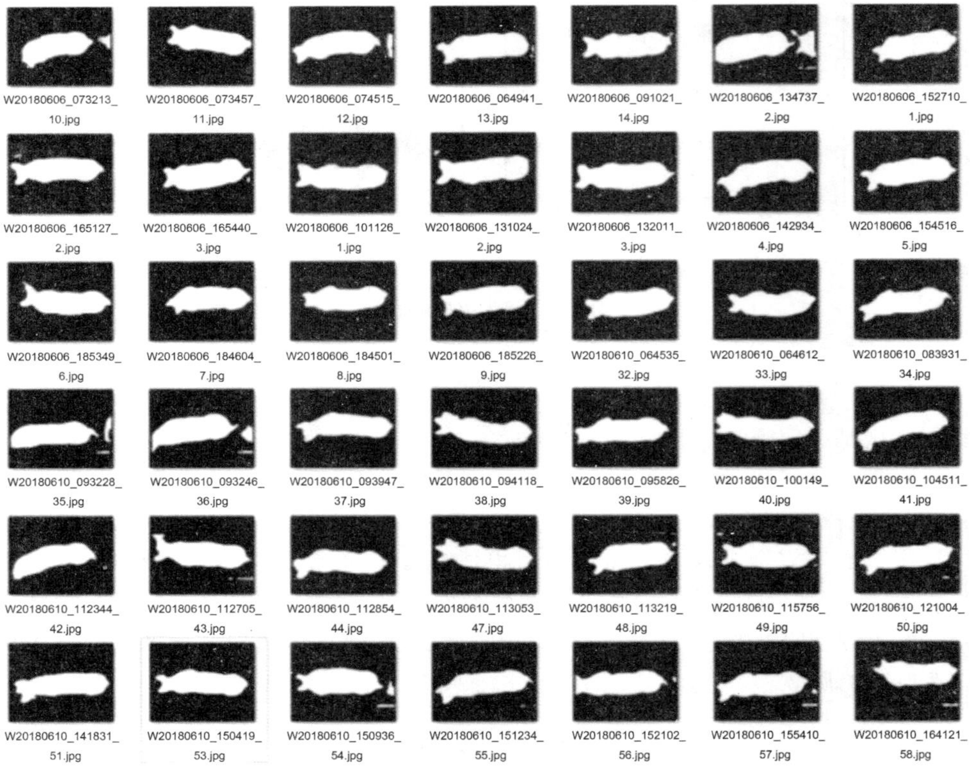

图 2-5　测量区内的猪照片数据

资料来源：Win K D，Kawasue K，Yoshida K，et al. Automatic pig selection system based on body size using a camera：rotating mechanics for pig selection[J]. Artificial Life and Robotics. 2020.

测猪群的出栏时间，减少时间和饲料的浪费，降低饲养成本、增加养殖场的经济效益。这些照片也可在猪场外下载，方便技术员分析猪群的生长状况。

这个系统的实际控制流程如图 2-6 所示，最初通道入口闸门打开后，猪进入闸门；此时激光感知器探测猪是否完全进入，如探测到猪完全进入后，指示关闭通道入口闸门；当猪完全进入探测区域后，摄像机拍照获得猪的图像，通过主控电脑控制旋转门方向，引导猪进入相应的饲喂区；当猪完全走出饲喂区后，主控电脑再指示通道入口闸门打开，允许下一头猪进入通道。这个智能识别分拣系统的通道入口高 0.7 m、宽 0.5 m，入口闸门到旋转门末端长 2.6 m（图 2-7）。摄像机和激光感知器距离地面 2 m，距离通道侧面护栏 0.7 m（图 2-8），以免护栏对摄像机造成干扰。

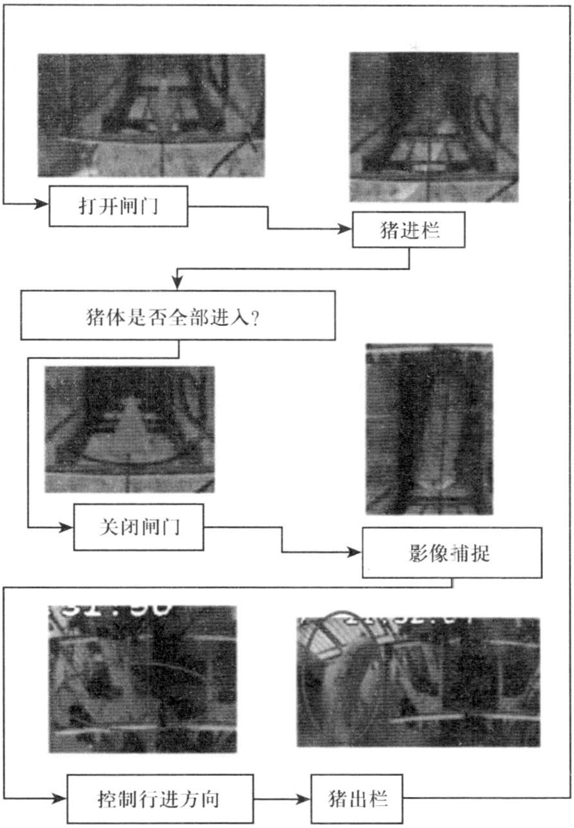

图 2-6　智能识别分拣系统控制流程

资料来源：Win K D, Kawasue K, Yoshida K, et al. Automatic pig selection system based on body size using a camera: rotating mechanics for pig selection[J]. Artificial Life and Robotics. 2020.

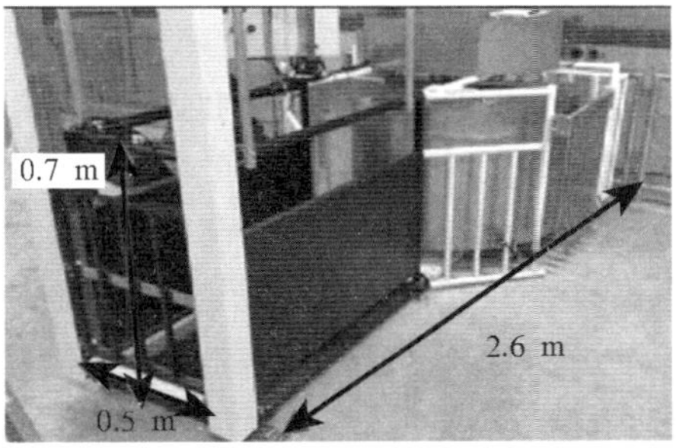

图 2-7　智能识别分拣系统的分拣部分

资料来源：Win K D, Kawasue K, Yoshida K, et al. Automatic pig selection system based on body size using a camera: rotating mechanics for pig selection[J]. Artificial Life and Robotics. 2020.

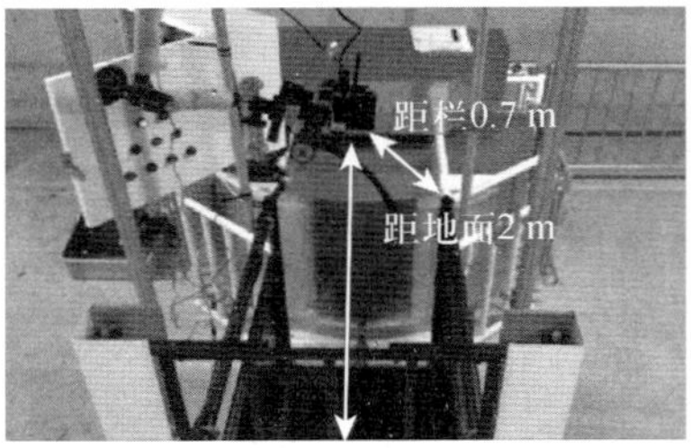

图 2-8　智能识别分拣系统的摄像机与激光感知器

资料来源：Win K D，Kawasue K，Yoshida K，et al. Automatic pig selection system based on body size using a camera：rotating mechanics for pig selection[J]. Artificial Life and Robotics. 2020.

分拣系统能让低体重猪获得充足的高能量配方饲料，从而获得较高的生长速度，迅速缩小与大体重猪的差距；让大体重猪获得正常配方或低能量配方饲料，保持正常生长速度或降低生长速度。从两个方向同时调节猪的生长速度，使猪群在极短时间内达到群体一致的体重。同时，也可以将受伤或有病的猪分拣到单独的饲养单元，使其得到及时治疗，减少猪群数量损失。分拣系统能实时、准确地记录猪的体重信息，对猪群营养管理、健康管理、计划养殖、计划出栏等猪场运营和管理帮助很大。没有人为驱赶等强烈刺激，猪的应激较小，对猪群健康管理非常有益；同时，猪群不与人接触，患病的概率也大大降低。由于全部由机械控制猪的分拣，降低了饲养员的工作量、工作强度和受伤概率，并为饲养员提供了安全和舒适的工作环境，大大提高了饲养员的工作福利和满意度。

2.4　智能液态自动饲喂系统

在我国几千年的传统养猪生产中，农户普遍采用液态料饲喂方式。一般是将玉米面、野菜、泔水等各种猪能吃的东西放入大锅中煮熟后喂猪，虽然煮熟的饲料的气味不佳，但猪依然很爱吃，并且长得非常肥壮。这实际上体现了液态料适口性好、猪群易吸收的特点。改革开放以后，由于养殖模式的变化及养殖技术的发展，粉料、颗粒料等干料具有劳动强度低，生产、运输、储存方便，营养充足、配方可调等优点，因此大型养殖场和大多数养殖户都开始采用干料对猪饲喂。近年来，随着养猪产业向集约化、智能化模式发展，干料浪费多、吸收率不高、储存空间大、不易进行智能化操作、猪群易患呼吸道或肠胃疾病等缺点逐渐显现，使得液态料饲喂逐渐回归人们的视野，且越来越受到养殖场和养殖户的青睐。液态料饲喂具有易于智能化操作、猪群饲喂效率高、储存空间小、适口性好、吸收性好、浪费少、猪群呼吸道和胃肠道患病率低等优点，能有效降低养殖成本、减少饲料储存空间和建设成本、提升养殖场生产成绩、提高养殖场生物安全水平、改善猪群生产性能、显著增加养殖场经济效益。

2.4.1　饲喂流程

如图 2-9 所示，智能液态自动饲喂系统包括 6 个子系统。只需将猪饲料主要成分的玉米粉、豆粕粉、食盐、氨基酸、微量元素等分别存储于料塔中，由主控电脑针对猪群营养需求，按照饲料配方从各成分料塔中调出所需用量、通过管道送入搅拌器，并添加相应比例清水进行搅拌、混合均匀，然后通过管道送达待饲喂猪群的食槽，然后用清水清洗管道和搅拌罐，就完成了一次自动饲喂过程（二维码 2-1）。这个系统主要是改变了干料仓库或料塔存放保育猪料、育肥猪料、母猪料、开口料、浓缩料等名目繁多的各个生长阶段饲料的复杂状况，不需要过多的存储空间，只需要单一成分料塔即可，大大节省了仓储设施，同时节约了人工成本、提高了工作效率，并且可以检测每个猪群饲喂状况，及时发现患病猪，做到早发现早治疗。也可在液态料中添加兽药，提高猪群预防和治疗效果，降低人工成本和兽药使用成本。

二维码　2-1

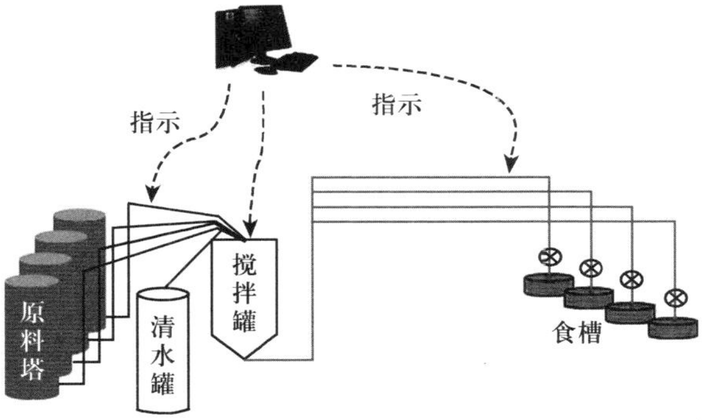

图 2-9　智能液态自动饲喂系统

2.4.2　注意事项

液态料是由饲料原料加水稀释制作而成，由于含水量较多，会形成一个厌氧环境，如果饲料原料中含乳酸菌、酵母菌等菌群会占据优势而更易发酵。但在低温时，特别是使用酒糟等酿酒副产物的液态料时，酵母菌会占据优势，使淀粉转变为乙醇和二氧化碳，降低液态料能量值并影响适口性。另外，制作液态料的搅拌罐、回水罐要做到无死角、无缝隙，并要配置罐体冲洗系统，防止残存的饲料发霉。

2.4.3 应用案例

北京京鹏环宇畜牧科技股份有限公司生产的液态自动饲喂系统优点如下：① 智能控制、饲喂精准，可以远距离输送液态料；② 节约成本、降低饲喂人员劳动强度，1～3 人即可饲喂 100～750 头规模的猪场；③ 适口性好，高温季节不影响猪采食量；④ 料肉比低，并可监控猪采食量；⑤ 浪费少、无粉尘污染，改善饲养环境，减少猪呼吸道及胃肠疾病发病；⑥ 可通过饲喂投药，用药快速准确，减少猪群应激反应；⑦ 容易实现多样化饲料的多阶段饲喂。

该系统组成包括电脑程序控制系统、配料搅拌系统、输送系统三部分。其工作过程：电脑程序控制系统根据饲喂末端食槽对应的猪群数量、饲料配方、饲喂曲线、干物质与水的比值、日饲喂次数等参数，计算出每次饲喂的用水量和饲料量，然后将清水罐中的水通过循环回路管道注入搅拌罐中；根据饲料配方从各饲料原料的储料塔中选择适量的饲料原料，并将其送入搅拌罐中，与水充分搅拌成液态料，再由饲料泵经输送管道送到最后一个下料口阀门位置；依次打开下料口阀门，落料到食槽，供猪采食。通过搅拌罐重量感应器感知罐体重量变化，由下料阀门气控制开闭时间来精准控制下料量；当搅拌罐内液态料清空后饲料泵暂时停止工作，清水罐开始向搅拌罐内补充定量清水；接着饲料泵继续工作，利用清水将管道内液态料完全推送到后续食槽中。如此反复工作，直至完成猪群的饲喂。

其工作流程：① 计算所需原料量：由电脑计算本次饲喂需要的每种饲料原料量、水量及液态料总量；② 将各原料送到搅拌罐搅拌成液态料：先将所需量的水从清水罐通过管道送到搅拌罐开始搅拌，然后将各饲料原料按着所需量输送到搅拌罐中，与水混合均匀制成液态料；③ 将液态料分配到各个食槽：将搅拌好的液态料通过管道送到每个饲喂阀门位置，随后依次下料，直到搅拌罐里的液态料全部下完；④ 分配完成后进行管道清洗；⑤ 进行搅拌罐清洗；⑥ 清空搅拌罐并将管道注满水完成一个工作流程。

思考题

1. 你认为母猪智能化管理系统的优势在哪里？
2. 你认为母猪智能化管理系统应该在哪些方面升级完善？
3. 国内目前常用的种猪生产性能测定系统有哪些？
4. 你参与过种猪生产性能测定吗？有什么感想？
5. 分拣系统依靠什么技术对猪进行识别？
6. 智能液态自动饲喂的好处有哪些？

第3章 智能化环境控制设备与应用

【本章提要】环境因素是影响养猪生产的重要因素之一，这不但与猪场的整体规划有关，还影响猪的正常发育和猪肉产品的品质。目前，多数猪场的规模化和集约化程度较高，生产区规划和生产工艺较为合理，但是猪舍的环境控制还存在一些问题，值得养殖者注意。

3.1 环境因素对猪生产力的影响

3.1.1 温度

猪自身调节体温的能力差，极少的汗腺无法在夏天调节体温，极少的毛也无法抵御冬季的寒冷。因此，猪舍必须具有良好的隔热保温效果，只有温度适宜，使猪感到舒服，才能获得高生产性能。高温会破坏猪的体热平衡，体温升高、内分泌功能减弱，而体内氧化作用加强，造成代谢产物在体内积累，肝脏解毒作用减弱；此外，高温可导致猪的心血管系统负担过重、衰竭，使其中枢神经系统和其他重要器官的蛋白质变性，使猪昏迷，甚至衰竭而死。低温则会导致猪呼吸系统和消化系统抵抗力降低，引起呼吸器官病和肠炎、下痢等疾病，低温也是关节炎等疾病的环境诱因。因此，温度过高或过低都会使猪产生应激反应，导致不良后果。

高温会影响公猪的繁殖性能，主要表现在公猪性欲下降，交配欲望不足，并且这种现象具有滞后性，要经过 2 个月的时间才能恢复到正常水平，这也是造成公猪夏季不育的重要原因。母猪对高温也很敏感，会导致其发情不足，发情时间缩短，内分泌失调，排卵的数量和卵子的质量显著下降，受胎困难。另外，过高的温度会导致母猪采食量下降，泌乳量不足，影响仔猪的成活率和初生重。

温度是影响仔猪成活率的重要因素，温度过低会导致仔猪抵抗力下降，引发疾病。依据规模化猪场环境参数管理标准，保育舍的温度必须控制在 20～25 ℃，温度过低或过高都不利于仔猪的生长发育。肉猪生长最适宜的气温：体重小于 60 kg 为 16～22 ℃（最低 14 ℃），体重 60～90 kg 为 14～20 ℃（最低 4 ℃），体重 90 kg 以上为 12～16 ℃（最低 10 ℃）。

当外界环境温度高于 30 ℃时，就应该采取降温措施，打开纵向排风系统，喷洒凉水或加喂青绿多汁饲料。

3.1.2 湿度

湿度主要是通过影响机体的体热调节来影响猪的生产力和健康，它通常与温度、气流、辐射等因素共同作用于猪群。在适宜的湿度下，湿度对猪的生产力和健康影响不大。空气湿度高会使空气中带菌微粒沉降率提高，从而降低咳嗽和肺炎的发病率，但是高湿度有利于病原微生物和寄生虫的滋生，容易发生疥癣、湿疹等疾患。另外，高湿常使饲料、垫草发霉，造成经济损失。空气湿度过低，易引起猪皮肤和外露黏膜干裂，降低其防卫能力，使呼吸道和皮肤病发病率升高。

猪舍的湿度是影响仔猪生长发育的重要因素，低温高湿容易导致仔猪发生呼吸系统、消化系统疾病。空气相对湿度大于 80% 会导致病原菌大量繁殖，提高猪呼吸道疾病的发病率。因此，建议猪舍的空气相对湿度以 50%～70% 为宜。

3.1.3 密度

育肥猪大群饲养、同槽进食能提高个体食欲，促进个体生长，有效利用圈舍和设备条件，提高猪群生产率。但如分群不合理，又会导致个体咬架、争食等而影响猪的增重。分群时一般把来源相同、体重接近、强弱和气质基本一致的猪合群喂养。每群猪的头数不宜太多，要依圈舍面积和饲养密度而定。实践证明，15～60 kg 的生长育肥猪每头所需面积为 0.6～1.0 m^2，60 kg 以上的育肥猪每头需 1.0～1.2 m^2，每 2 头育肥猪要有 20～30 cm 长的饲槽。每圈舍的头数以 10～20 头为宜。但具体数目可因不同环境条件而异，我国北方由于平均气温低且气候干燥，可适当增加饲养密度；南方夏季气温较高，湿度大，则应适当降低饲养密度。

3.1.4 通风换气

集约化高密度饲养的生长育肥猪一年四季都需通风换气，通风可以排除猪舍中多余的水汽，降低舍内湿度，防止围护结构内表面结露，同时可排除空气中的尘埃、微生物、有毒有害气体（如氨气、硫化氢、二氧化碳等），改善猪舍空气的卫生状况。依据规模化猪场环境参数管理标准，保育舍和哺乳舍内的氨气浓度不高于

20 mg/m^3，二氧化碳浓度不高于 1 300 mg/m^3。参数超过标准会导致猪群发育异常，生长迟缓，严重者甚至出现昏厥等神经症状。因此，猪舍在任何季节都需要通风，特别是冬季往往为防寒而关闭门窗，就会造成舍内潮湿、空气卫生状况恶化，必须注意适当通风。冬季进行通风和保温容易产生矛盾，有条件的企业应在保证猪舍环境温度基本得以满足的情况下采取通风措施，但一定要防止"贼风"的出现。猪舍内气流以 0.1～0.2 m/s 为宜，最大不要超过 0.25 m/s。

3.1.5 光照

适宜的太阳光能加强机体组织的代谢过程，提高猪群的抗病能力。然而，过强的光照会引起猪群兴奋，减少猪的休息时间，增加猪的甲状腺素的分泌，提高猪的代谢率，影响猪的增重和饲料转化率。育肥猪舍内的光照可暗淡些，只要便于猪采食和饲养管理即可，以便猪得到充分休息。

3.1.6 噪声

猪舍的噪声主要来自外界传入、舍内机械摩擦和猪争斗等。噪声会使猪的活动量增加而影响增重，还会引起猪的惊恐，降低食欲。因此，要尽量避免突发性的噪声，噪声强度以不超过 85 dB 为宜。另外，优美动听的音乐可以兴奋猪的神经，刺激猪的食欲，提高猪的代谢功能。有条件的猪场可以适当放些轻音乐，对猪的生长是有利的。

3.2 猪舍温度控制

猪是一种恒温动物，其正常体温在 38.7～39.8 ℃，周围环境的温度与猪的生长过程及生理恒定性密切相关，正常的体温是猪进行正常生命活动的基础，也是衡量其是否发病的重要指标，而舍内的环境对猪自身的体温调节具有很大的影响。当环境温度过低时，猪会通过增加进食来获取热量，但体内的甲状腺激素分泌增加，消化率降低，会导致猪增重减少及饲料浪费；当环境温度过高时，猪的进食量会大大减少，持续的高温会使猪体内热量不断蓄积，引发肠胃疾病。

夏季室外空气温度一般在 25～35 ℃，略高于猪生长的正常温度，但受光照因素影响，猪舍内没有垂直阳光照射，且墙壁上的窗户距地面高度较低，太阳光无法明显影响舍内温度。经试验得知，北方密闭式猪舍在夏季时的温度基本符合猪生长要求，故在夏季调控策略中，不需要将温度作为调控的对象。

在冬季，舍内各种环境因子间的耦合性更加明显，往往对其中一种因子进行控制时，也会干扰到其他因子，故在冬季的环境调控中，需要多种控制策略同时进行。

冬季北方的室外温度常年保持在 0 ℃以下，在暖气的作用下，猪舍内空气温度基本可以达到安全标准。但由于冬季北方密闭式猪舍无法开窗自然通风，导致舍内空气湿度和有害气体浓度会保持在一个较高的水平上。

3.2.1 我国猪舍环境温度监控系统发展现状

20 世纪 80—90 年代，我国猪舍环境温度监控还处于人工或机械化的阶段，需要依靠现场工作人员对舍内的环境做出主观识别，然后手动调节控制环境中的各种执行设备，比如热风机、降温湿帘、通风机等，并没有解决控制效率低的问题。传统控制方法没有利用现代通信技术，需要依靠人力去监测猪舍内的环境变化，也不能实时准确地获得猪舍内的数据信息。

进入 21 世纪以来，随着电子信息化的快速发展，养猪业逐渐朝着集约化和信息化的方向发展，国内研究人员也设计出了一些较为有效的控制方法，为改善猪舍环境温度监控提供了可靠的技术支持。在引进国外先进技术的同时，国内学者围绕如何提高猪舍环境温度控制的自动化水平做了大量研究，并开始融入模糊控制等智能控制算法，将先进理论应用于温度控制当中。

例如，中国农业大学利用喷雾蒸发降温和湿帘降温在夏季猪舍高温控制方面取得了不错的应用效果；河北农业大学在畜禽舍环境温度监控系统中引入了虚拟仪器技术，也取得了很好的应用效果。

2005 年，肖雨贤利用单片机研究了哺乳仔猪舍环境温度自动控制系统。通过编程来实现对各个控制单元的控制，操作简单并且稳定可靠。2009 年，张玉峰研究了一种基于 CAN 总线的禽畜舍环境温度监控系统。2011 年，李立峰等研究了一种基于组态软件和模糊控制的分娩母猪舍环境温度监控系统，其目的是解决北方寒冷地区分娩母猪对环境温度要求较高的问题。2012 年，高中霞等研究了一种基于无线网络的猪舍环境温度检测系统，通过无线传感技术将布置在各个位置的传感器组成网络，能够对温度参数进行实时监测，但系统稳定性低，易受到外界因素的干扰。2013 年，郭艳玲等设计了基于 ZigBee 和 PSO-BP 神经网络的温室无线温湿度检测系统。该系统在采集数据的过程中加入经粒子群算法优化的神经网络，可以补偿检测过程的非线性误差。同年，张荣标、王俊、战美分别将无线传感网络与自适应解耦算法、粒子群优化聚类算法及模糊控制算法相结合，设计了温室无线传感器网络系统。

近年来，在猪舍环境温度监控领域产生了各种先进的技术设备和设计理念，比如模糊控制技术、神经网络控制技术、自适应控制技术、无线传感技术等。研究人员不断优化新技术并提出新的设计理念，以便实现对猪舍环境温度更精准的控制。我国自动化养猪业生产管理起步相对较晚，与发达国家相比还存在着不小的差距。

其中，不能有效地监控温度参数是导致我国养猪业生产力水平低下的重要因素之一。近年来，我国在自动化猪舍设备的研究上也取得了一定的进步，为猪舍环境温度监控提供了技术支持。

进入 21 世纪后，我国生猪养殖业也进入了高速发展期。但落后的养殖技术和设备满足不了生产需求，因此将先进的技术引入生猪养殖业显得越发重要。针对猪舍环境的复杂特点，光线传感器网络技术因其设备体积小、成本低、功耗少、稳定性高等优点而被广泛应用于各类猪舍环境监测系统中。

3.2.2 国外猪舍温度监控系统发展现状

自 20 世纪 80 年代以来，养殖产业规模化、集约化逐渐形成，使猪舍环境温度控制设备的需求量急剧增加。尤其进入 20 世纪 90 年代以后，随着计算机等高新技术的不断发展，环境温度调控开始走上自动化、信息化的道路，并且逐步发展成了一项专业细分的产业，一批设计生产专业温度调控设备的公司也随之产生。其中，德国的 Big Dutchman 公司成为行业典型，荷兰的 Big Dutchman（大荷兰人）公司在家禽、家畜管理控制设备的研究开发上代表着全球领先水平。在猪舍环境温度监控设备方面，大荷兰人的产品也有很大的影响力，全球有超过 100 个国家直接或间接得到过大荷兰人的技术支持，其持久的性能以及可靠的服务得到了行业内一致好评。

进入 21 世纪以后，测试传感技术得以迅速发展，以微控制器为主的智能猪舍环境温度监控系统在发达国家和地区得到很好的应用，养猪业迈入了网络化、无线化、智能化的发展阶段。Jeonghwan 等研究了一种基于无线传感技术的猪舍环境温度监控系统，通过无线传感技术采集猪舍温度，以此来控制风机、加热器的运行。该设计的初衷是改善较复杂情况下猪舍环境有线控制系统难管理和易受干扰的问题，利用无线传感技术使控制系统变得更简洁和可靠。随着无线通信技术的不断完善，数据传输效率和控制效果已充分满足猪舍环境控制要求。此外，荷兰人开发的 Velos 信息化母猪监控系统，主要应用在对环境要求较高的猪舍信息化监控系统中。该系统还能通过无线通信技术将检测的数据送至 ERP 综合信息管理系统，以实现信息化管理。

近些年，借助计算机技术的飞速发展，一些全新的猪舍控制理念得以提出。加拿大研制过一种智能化生猪群养系统，猪舍内装有温度传感器及冷热风机等设备，借助计算机辅助管理软件，能够将实际生产中采集到的数据与标准数据库中的数据进行对比，从而将系统调整到最佳状态。

美国提出全新 M2P2 理念，将猪舍设计为相对封闭的环境，温度过高时通过计算机控制风机功率与降温水帘的开度大小，将猪舍的温湿度和风速均调节到有利于生猪生长的水平。当温度过低时，通过热空气循环，将热空气从天花板导入猪舍，使舍内的温度始终保持在合适的范围内。在控制算法上，随着模糊控制理论以及神经网络的成熟运用，很多专家和工程师将先进的算法应用于猪舍环境温度监控。该方法的特点是不必建立复杂的数学模型，而是依赖技术人员丰富的操作经验，能够简单有效地实现环境温度监控。2006 年，Rodrigo Castaneda-Miranda 等设计了温室环境模糊控制系统，该系统采用 VHDL 产生模糊控制器的隶属度函数，提高了系统运行效率。2011 年，Nachidi 等设计了一种 T-S 模糊控制器，其目的是为了解决线性矩阵不等式的迭代问题，可确保闭环温度控制的稳定性。同年，Tetuo Morimot 等在畜禽舍环境温度检测中采用了模糊神经网络和遗传算法等多种现代控制理论，获得了比较成功的应用。

3.2.3 猪舍供暖方式

供暖可以分为集中供暖和局部供暖。为了达到科学合理的温度控制，现代猪场在设计时一般采取集中供暖和局部供暖相结合的办法。

集中供暖是指采用锅炉加热水，再通过管道将热水送入猪舍内部的散热片，或者将地暖水管预埋于地下，对地面进行加热。猪舍地暖的安装方案需由专业人员根据猪舍的保温设计、散热器、采暖管道、锅炉大小等多种参数来进行设计方可取得满意效果。

目前，猪舍的供暖形式多样，主要有热风炉加热、红外线灯加热、电地暖加热、水暖管加热、电散热片，水暖散热片等多种。但从目前的使用效果来看，以地暖效果最好。实验证明，地暖加热对猪的生产性能改善更为明显。地暖加热分为电地暖和水暖 2 种方式。电地暖是通过电热线来加热地面。水暖是将热水管预埋在混泥土中，水管两端接在锅炉上，水管下面有防水隔热层（防止热量向下传递），热水借助水泵的抽送力在水管中不断进行循环，以达到对水泥地面加热的目的。热水地暖管的材质有 PERT、PB、PEX 等，从性价比及安装方便的角度来考虑，推荐猪场选择 PERT 材质的水暖管，管径以 20 mm 左右为宜。选择地暖水管时，一定要选择专用的地暖水管，笔者发现，有些猪场采用 PPR 水管来制作地暖管，不仅显著增加了管线成本，费工费时，其加热效果也很差，无法达到预期效果。

地暖的主要优点体现在：相比加热空气的散热片，地暖更加节能，可以节省至少 50%以上的能耗；加热更均匀，可避免空气加热的不均匀现象。地暖是加热地面，而猪有 80%的时间是躺卧休息，此时猪的体表一侧与地面直接接触，体表会与地面发生热传导，热传导的速度远高于热辐射散热，而且猪腹部大面积贴地，一旦该部位受凉将直接影响胃肠道的免疫和消化功能，从而造成猪消化不良和腹泻疾病的发生。采用地暖来提升地板温度能更有效地提高猪群的健康水平，显著提高经济效益。

目前,供热的设备主要有燃煤锅炉、燃气锅炉、电热线地暖、热泵系统、太阳能热水系统等。猪场在选择供热设备时,可以根据猪场的实际情况灵活选择。需要重点考虑的因素是首期投资费用、运行和生产管理费用、环保因素等。

对于建有大型沼气发酵池的猪场,可以优先采用燃气(沼气)锅炉。欧美国家由于能源相对便宜,猪场加热设备多采用天然气加热的热风炉。我国目前天然气价格较高,且使用不方便,多采用煤炭加热的方式。用燃煤锅炉供热的猪场宜采用常压热水锅炉,不宜采用带压锅炉,因为带压锅炉为特种设备,使用起来较复杂,需专门人员进行操作。用电加热供暖的猪场,可以优先考虑用热泵技术供暖,虽然前期投资稍大,但是相比直接用电加热的方式,可以节省大量的电能消耗。特别是对于没有享受农业用电补贴政策的猪场,可以显著降低电费开支。

3.2.4　猪舍降温设备

夏季气温明显升高,猪舍内的温度能否有效降低,关系到猪场的生产成绩能否稳定。因此,合理使用防暑降温设备是关键,下面对猪场常用的降温设备进行介绍。

3.2.4.1　负压风机

负压风机是通风机的最新类型,属于轴流风机,因为主要应用于负压式通风降温工程而称之为负压风机。负压式通风降温工程包括通风和降温 2 个含义,可同时解决通风和降温问题。负压风机还可应用于正压式水帘环保空调、正压送风、正压吹风等领域。负压风机具有体积庞大、超大风道、超大风叶直径、超大排风量、超低能耗、低转速、低噪声等特点,一般在密闭的配种、妊娠、分娩舍使用。负压风机运转时可带动舍内空气产生气流,将舍内的热量、有害气体、粉尘等排出舍外;同时使室内气压下降,形成负压区,舍外新鲜空气因气压差补偿流入室内。在猪舍实际应用中,负压风机集中安装于猪舍一侧,进气口则在猪舍另外一侧。空气由进气口流入猪舍,从车间流过,由负压风机排出车间。此方式换气彻底、高效,换气率可高达 99%。根据需要设计换气速度和风速,大部分高热、有害气体、粉尘、烟雾均能迅速排出车间,大部分通风不良问题均能一次性解决。一般开启风机几秒内即可达到通风效果,而且风机还可以与湿纸帘配合使用。

3.2.4.2　湿纸帘

湿纸帘主要是通过水的蒸发带走通过湿纸帘的空气热量,一般在密闭的猪舍内使用,且需要与负压风机配合。合理地使用负压风机与湿纸帘可使舍内温度降低 3 ℃左右。湿纸帘主要由高分子水帘纸组成,其材质经过特殊处理,结构强度高,耐腐蚀,使用周期达 6 年以上。水帘纸具有透光性与透气性,可以保证水均匀地淋透整个水帘墙。湿纸帘为水和空气的热交换提供了蒸发的最大表面积，具有较大的蒸发比。湿纸帘的外框由铝合金或镀锌板做成，可防止生锈。外框的结构是经过精心设计的，上边框里面有安装进水管的卡槽，可使进水管固定在里面，进水口在中间，水从进水口流入之后经过进水管均匀地向整个纸帘分散。安装外边框的时候，先在上边框中放置一排横向的纸帘（起分水作用），保证整个湿纸帘均匀地向下渗水，然后把已经准备好的水帘纸并列排起来放进接好的框架中，再把拼接好的水帘纸竖放起来，最后在湿纸帘的四边钻孔，同时用气钉固定，这样湿纸帘就制作完成了。

湿纸帘风机主要是利用蒸发吸收热量这一原理来进行降温的，运作原理为循环水泵不间断地把接水盘内的水抽出，并通过布水系统在蜂窝状纤维纸表面形成水膜，当空气流过湿纸帘时与水分进行热量交换，通过水的蒸发来降温，洁净的空气则由低噪声风机加压送入室内。该产品解决了常规空调对空气的污染问题，同时能给人畜带来舒爽感，且使用费用是常规空调的 1/3，既省费用又环保。

3.2.4.3 其他

① 喷头。在舍内安装雾化喷头，通过雾化水的蒸发来迅速降低舍内温度。一般在温度高峰期配合风扇或风机间歇性使用，温度可降低 4～5 ℃。但此法降温效果维持时间短，长时间使用会导致舍内湿度过大；也可以在屋顶安装喷头，长时间使用效果良好，但所需水量比较大，用水紧张的猪场不便。

② 工业风扇。敞开式猪舍多使用风扇降温，风扇的风量大，降温效果明显，但是长时间运转容易导致转头磨损，同时其所作用区域小。与负压风机相比，若想达到相同效果，工业风扇所需功率大，因此正逐步被负压风机所取代。

③ 泡沫板。在舍内安装泡沫天花板可达到隔热的目的，各类猪舍内均可使用，效果良好。

④ 水泵胶管。气温高时也可用连接水源的水泵胶管冲洗猪身、地面与栏底来达到降温的目的，只是所需水量比较大，且对环境污染大。

长远来看，在猪舍周围种植树木，不失为经济有效的好方法。

3.3 猪舍通风设备

3.3.1 风机

风机根据作用原理的不同可分为叶片式风机和容积式风机 2 种，养猪场一般用到的风机是通风风机（叶片式风机）。养猪场一般采用负压通风，按照安装位置分为侧墙风机、地沟风机、吊顶风机等，从它们的工作原理来看都属于低压轴流风机。负压风机从结构上来看，主要分为镀锌板方形负压风机和玻璃钢喇叭形负压风机。负压风机的优点为超大风道、超大风叶直径、超大排风量、低能耗、低转速、低噪声等。

3.3.2 湿纸帘

湿纸帘与冷风机或空调比起来具有面积大、冷风分布均匀、造价低等优点，在养猪场被广泛使用。湿帘的系统由湿纸、外框、循环水系统（上下水管、上下框架、水箱、水泵）组成，为了冬天防风，湿帘外还应该配备 PE 防风布帘。

3.3.3 通风帘

通风帘一般装在侧面墙上或吊顶上，能够利用两侧的负压差自动调节通风口的大小，没有负压或不通风的时候处于关闭状态，有利于冬天保温。材质一般为不锈钢、PVC 或玻璃钢，有的侧墙通风窗没有窗叶，用卷帘或可滑动的挡板来控制通风大小。

以上几种通风设备为一般规模化养猪场必不可少的通风降温设备，通过对猪舍合理规划和布局，使风机、湿纸帘和通风帘的使用效率最大化才是最正确的方法。

3.4 猪舍采光设备

3.4.1 猪舍位置和采光的关系

在农业生产中，阳光是不可缺少的条件，万物生长靠太阳。动物同样需要正常的阳光照射，沐浴阳光不仅可以让猪感觉舒爽，同时又有一定杀菌和促进细胞成长的作用，对某些喜阴性寄生虫也有一定的杀灭或抑制作用。阳光可以促进种猪体内维生素 E 的吸收及性功能的正常发挥，在实际生产中，个别长期乏情的母猪放到外边晒一段时间太阳后就能正常发情。阳光有助于猪体表代谢水分的蒸发，减少皮肤病的发生。以往的猪舍建筑一般为南北朝向，因其多为单列式，跨度较小，舍内的采光比例较好，猪群基本上可以接收到阳光照射。但是，随着养猪行业的工厂化，考虑到管理及建筑使用率，猪舍建筑多以大跨度为主，目前至少都达到了 8 m 的跨度，如果还按传统的南北朝向，猪舍内的采光面积相对比例就很小，饲养在南面栏里的猪群可以沐浴到阳光，而饲养在北边的猪群则沐浴不到阳光。

从猪舍的保暖降温方面来说，南北朝向的猪舍受到阳光直射的面积与时间更长些，尤其在夏季中午前后阳光最强烈的时段，南面的墙壁几乎全部暴露在阳光的直射下，猪在中午前后最需要避光时阳光却透过窗户直射到栏内地面及猪身上。不仅如此，墙壁吸收的热量又直接辐射散发到舍内，即使到了晚上仍像暖气片一样散发着热量，散热时间可能一直要到凌晨。冬季的阳光辐射热相当微弱，除了透过窗户的阳光，猪可以利用外，墙壁基本上不可能蓄积热量。

而东西面向的猪舍却能更好地避开中午前后阳光直射到舍内，受到阳光直射的墙壁也仅是面积很小的山墙，中午前后阳光直射最强的 4～5 个小时，猪群刚好能避开。同时，冬季正午的光照强度反倒没有夏季午前和午后的光照强度高，尤其是午后。

从猪舍的实际利用及猪的生长需要方面考虑，东西朝向的猪舍要比传统的南北朝向猪舍更利于猪群的生长需要。

建设猪舍，除考虑自然采光外，照明设备也必不可少。大跨度的全封闭猪舍越来越多，舍内的光照几乎完全由照明系统提供，设计合理的照明系统就显得越发重要。

猪舍光照建议指标见表 3-1、表 3-2。

表 3-1 美国农业生物工程学会标准建议猪舍光照指标

猪舍类型	光照强度/lx	光照时间/(h/d)	备注
配种舍/后备舍	>100	14～16	对发情很有必要
妊娠舍	>50	14～16	刺激发情
分娩舍	50～100	8	如果没烤灯建议 24 h
保育舍	50	8	24 h 照明
育肥舍	50	8	

资料来源：高岩．猪舍光照指标及照明系统的建议[J]．猪业科学，2015.

表 3-2 建议猪舍光照指标

猪舍类型	光照强度/lx	光照时间/(h/d)
后备舍	270～300	10～12
配种舍	150～200	10～12
妊娠舍	50～100	8～10
分娩舍	50～100	8～10
保育舍	50	8
育肥舍	50	8

资料来源：高岩．猪舍光照指标及照明系统的建议[J]．猪业科学，2015.

大跨度的全封闭猪舍自然采光不足，须配备足够的照明设备。充足的光照一定程度上能够促进后备猪发情、断奶母猪发情再配；昏暗的舍内环境则不利于饲养人员对猪群的观察，很多问题无法及时发现，此外也不符合动物福利的要求。

很多猪舍虽然配备了相应的照明设备，但没有为猪提供足够的光照时长，这对于后备猪发情，断奶母猪发情再配，分娩母猪采食、泌乳都有不利影响。不同猪舍提供相应的光照时长，可以通过温控器或自动控制开关设定照明系统的开启关闭时间，也可通过人员管理解决。

白炽灯由于节能性差，基本已被猪场淘汰。目前，猪舍中主要使用的节能灯和直管荧光灯都有较好的节能性，但大多数猪舍并没有配套合适的防水、防尘、防爆灯罩。由于猪舍环境相对较差，暴露在这样环境中的灯具使用寿命会缩短，而且不安全，建议选择品质可靠的三防灯。

3.4.2 猪舍灯光自动化控制技术

随着节能环保概念在国内的推广，越来越多的节能技术和节能产品出现在我们的周围。生猪养殖中，将时间控制器和光感控制器同时应用在猪舍的照明自动化控制中，不仅可以满足猪每个阶段对光照的需求，而且能够为猪提供一个较为适宜的生长环境。

3.4.3 现代化阳光猪舍采光采暖技术

由于气候不同，南北方在猪舍建造和养殖方式方面都有所不同。阳光猪舍在北方地区被广泛使用，是由塑料膜暖棚猪舍改进而来，可以增加各种猪场设备。该模式经济效益高，养殖技术也简单。

① 单列式。这种棚舍为南北方向位，东西走向，棚舍南面由塑料膜覆盖，北坡顶为彩钢板，猪栏为单列排列，猪舍过道在南侧。

② 双列式。这种棚舍为南北方向位，东西走向，棚舍南面由塑料膜覆盖，北坡顶为彩钢板，猪栏为双列排列，猪舍过道在中间。

③ 封闭式阳光猪舍。这种猪舍为南北方向位，东西走向，棚顶为双坡式，南坡顶为阳光瓦或阳光板，北坡顶为彩板钢，猪栏为双列排列，猪舍过道在中间。

④ 拱圆形阳光棚舍。这种棚舍为东西方向位，南北走向，棚舍为拱圆形，由塑料膜覆盖，猪栏为双列排列，猪舍过道在中间。这种棚舍采光面积大，棚内温度高。

3.4.3.1 阳光猪舍的主要设施、设备

① 塑料膜、阳光瓦和阳光板。塑料膜、阳光瓦和阳光板是阳光猪舍棚顶常用的采光材料。其主要作用：一是充分利用太阳能，把太阳能作为阳光猪舍的光源和重要热源。二是限制长波红外线辐射，从而减少舍内热能损失；三是利用紫外线消毒杀菌等。紫外线可杀灭或抑制细菌的生长，调节钙、磷代谢，保证猪骨骼的生长，还具有兴奋呼吸中枢的作用，可使猪呼吸变深、频率下降，有助于氧的吸入和二氧

化碳及水汽的排出。

② 电地热。主要用于哺乳仔猪、保育猪和育肥猪，在猪栏休息区铺设宽约 1 m 的电地热。它是阳光猪舍加温设施之一，其主要作用：一是提高猪舍温度，降低养猪成本。我国北方地区冬季气候的寒冷持续期长，对猪的生长发育，特别是哺乳仔猪和生长育肥猪带来不利影响。阳光猪舍辅助电地热加温，不仅能提供猪生长发育所需要的适宜温度，而且能降低成本。二是提高猪舍有效温度，降低猪的发病率。传统猪舍采用水泥地面，由于水泥地面导热快，有效温度要比实际舍内温度低 5 ℃左右，猪在水泥地面躺卧，很容易着凉，并诱发各种疾病。而采用电地热，由于有效温度提高了，大大降低了猪的发病率。

③ 地窗。在单面式阳光棚舍北墙，封闭式阳光猪舍南北墙，距猪舍地面 0.2 m 设立地窗，地窗高 0.4 m、宽 0.6 m。它是阳光猪舍通风设施之一，其主要作用：一是夏季通风降温。传统猪舍大部分没有地窗，自然通风主要靠前、后窗户，由于猪体高度比较低，自然通风的窗户很难把猪体周围的热气带走，而前后地窗形成的过堂风可将猪体周围的热气带走，从而达到降温的目的。二是排出有害气体、水汽、二氧化碳等。有害气体及水汽大部分聚集在猪舍的下层，可通过前后地窗排走，保持舍内空气新鲜和干燥，抑制病原菌的生长，降低猪的发病率。

④ 天窗。在单面式阳光棚舍、封闭式阳光猪舍后坡顶部，以及拱圆形阳光棚舍顶部设立天窗，采用直径 0.4 m 的无动力风机。它的主要作用是通风换气，保持舍内空气清新。

⑤ 卷帘被。通过卷帘机将其架设到棚顶。它是阳光猪舍主要设备之一。它的主要作用：一是保温。阳光猪舍的卷帘被在寒冷季节的白天晴天卷起，充分利用太阳能提高猪舍温度；在晚上或白天阴天时放下，以减少散热，保持猪舍温度。二是遮阳。在炎热的季节，卷帘被可用来遮光降温，减少热应激对猪的影响。

⑥ 正压通风机。它是阳光猪舍的辅助通风设备。它的主要作用是对进入阳光猪舍内的空气进行加热、冷却和过滤等，降低舍内有害气体的含量，保持舍内空气新鲜，并对舍内温湿度进行有效调节。

⑦ 增效料槽。它是阳光猪舍主要设备之一。其主要作用是减少饲料浪费。目前，猪常用的是限量饲料槽和自动饲料槽，增效料槽是指在圆形自动饲料槽内径表面增加一圆形钢圈，防止猪吃料时将饲料拱到料槽外边，减少了饲料浪费。

⑧ 可调节饮水器。它的主要作用是满足猪对饮水的需求。目前，猪常用的饮水器主要是根据猪的大小固定饮水器的高度，并且不可调节，这样随着猪的生长，有可能出现猪饮水不足而影响猪生长发育的现象。可调节饮水器可随时根据猪的高度来调整饮水器高度和角度，一般以高于猪背 5～10 cm 为宜。

⑨ 喷淋设备。喷淋设备安装在靠近排污沟一侧上方，由微滴灌管和淋浴喷头

组成。它是阳光猪舍的辅助降温设备，其主要作用是降温。在炎热的夏季，当自然通风效果不理想时，可启用喷淋设备降温；但如果猪舍通风不畅，则应慎用喷淋降温。

3.4.3.2 阳光猪舍管理

阳光猪舍在按照各类猪饲养管理技术规范管理的同时，还要特别加强夏季防暑降温和冬季防寒保暖的管理。

① 防暑降温。白天晴天时，封闭式阳光猪舍将卷帘被全部放下，拱圆形阳光棚舍将卷帘被放至距离地面 15 m 左右。晚上或白天阴天时，将卷帘被卷起。封闭式阳光猪舍打开前后窗户、天窗和地窗，单面式阳光棚舍打开窗户、天窗、地窗和棚舍下通风带，拱圆形阳光棚舍打开天窗和棚舍前后下通风带。如果天气温度过高，自然通风效果不理想，可启用喷淋设备，每天中午开 1～2 h。如果舍内外风速接近零，可启用正压通风机进行通风。

② 防寒保暖。白天晴天时，阳光猪舍将卷帘被卷起，晚上或白天阴天时，将卷帘被放下，卷起和放下的幅度根据猪舍温度和猪群状态而定。晚上或白天温度过低时，打开电地热。封闭式阳光猪舍关闭前后窗户、天窗和地窗，单面式阳光棚舍关闭窗户、天窗和地窗，拱圆形阳光棚舍关闭天窗。寒冷季节为保证猪舍通风换气，可根据舍内温湿度和有害气体浓度高低，打开天窗和进气口，必要时启用正压通风机进行通风。

阳光猪舍既保持了大棚养猪技术简单和成本低的特点，又配备了各种设备来保障猪场正常运行，应用效果较好。

3.5 猪舍空气质量控制设备

随着养殖业的规模化发展，饲养密度大、猪舍密闭空气不流通，猪舍中有毒有害气体（主要是氨气、二氧化碳、一氧化碳、甲烷、硫化氢等）的积聚成为一个越来越受重视的问题。在储粪的猪舍中，抽取猪粪的过程里，特别是搅动的时候，污染的空气常导致某些疾病，特别是呼吸道疾病越来越多，若防治不利，常常造成猪死亡，给养猪业带来极大的损失。

3.5.1 有害气体种类及危害

① 氨气。猪舍内的氨气来源于猪粪尿等有机物的分解，氨气通过猪呼吸道吸入后，经肺泡进入血液，与血红蛋白结合，使血红素变为正铁血红素，降低血红蛋白的携氧能力、血液碱储和血红素的氧化性能，从而出现贫血和组织缺氧现象，降低机体对疾病的抵抗力。研究证明，室内氨浓度达到 0.63 mg/m^3 就会使人患病。

另据试验证明，当猪舍中氨气达到 15 mg/m^3 时，试验猪开始出现呼吸道疾病；达到 35 mg/m^3 时，出现萎缩性鼻炎。

② 二氧化碳。猪舍内二氧化碳主要来源于猪的呼吸。猪舍内二氧化碳浓度往往比大气中高出数倍。二氧化碳本身无毒性，它的危害主要是造成环境缺氧，引起猪慢性毒害。猪长期处在缺氧的环境中会导致精神萎靡、食欲减退、体质下降、生产力降低、对疾病的抵抗力减弱。猪舍内二氧化碳浓度不应超过 1 500 mg/m^3。

③ 一氧化碳。猪舍中一般含有极少量一氧化碳。一氧化碳对猪血液、神经系统具有毒害作用。它通过肺泡进入血液循环，与血红蛋白结合形成相对稳定的碳氧基血红蛋白。这种血红蛋白不仅会减少血细胞的携氧功能，还会抑制和减缓氧合血红蛋白的解离与氧的释放，造成机体急性缺氧，血管和神经细胞发生机能障碍，机体出现呼吸、循环和神经系统的病变。猪舍内一氧化碳浓度不应超过 25 mg/m^3。

④ 硫化氢。猪舍中的硫化氢主要由含硫物猪粪分解而来，硫化氢产自猪舍地面，且密度较大。硫化氢主要刺激猪的黏膜，引起眼结膜炎、鼻炎、气管炎，甚至肺水肿。经常吸入低浓度硫化氢可出现植物性神经紊乱。游离在血液中的硫化氢能和氧化型细胞色素氧化酶中的三价铁结合，使酶失去活性，以致影响细胞的氧化过程，造成组织缺氧。长期处在低浓度硫化氢的环境中，猪体质变弱，抗病力下降。猪舍内硫化氨浓度不应超过 10 mg/m^3。

清新的空气中氧气浓度为 21%，猪舍内正常氧气浓度为 20%。猪舍饲养密度大、密闭不通风，有可能低于 18%。如果猪舍受外界空气或猪舍内氨气、二氧化碳等污染，氧气含量很可能低于 15%，就会使猪摄氧不足，体内组织缺氧，从而引发一系列问题。

3.5.2 负氧离子的利用

负氧离子又称“超氧负离子”或“氧负离子”，在动物体内外广泛存在。因为它能在动物体内外杀菌抗菌，又被称为“空气抗生素”。因为它能促成动物体内合成和储存维生素，也被称为“空气维生素”，是人类和动物的健康卫士。

3.5.2.1 自然界空气中负氧离子的来源

① 大气受紫外线、宇宙射线、雷雨闪电、土壤和空气放射线等因素的影响发生电离，释放出的电子很快又和空气中的氧分子结合，成为负氧离子。

② 瀑布冲击、细波推卷、暴雨跌落、大雨撞击、浪花拍打海岸等自然过程中，水在重力作用下高速流动等都会使水分子裂解产生负氧离子。

③ 森林的树木、叶枝尖端放电及绿色植物光合作用而形成的光电效应，会使空气电离而产生负氧离子。

3.5.2.2 负氧离子的特征与功能

负氧离子能在空气中与病原体结合，使病原体发生结构改变或能量转移，导致病原体死亡；在动物体内通过自身及代谢产物（过氧化氢、羟基、一氧化氮等活性氧）的氧化能力杀灭病菌。负氧离子的功效在养猪生产及猪的疾病防控领域很少被提及和研究应用。

理论和实践证明，超氧负离子是动物体内杀灭病菌最为关键的生物活性物质，它在体内浓度的高低决定着机体的抗菌能力，如果猪舍内空气中负氧离子浓度高且充足，通过呼吸道和皮肤吸入体内，就能增强机体的免疫力，进而预防高热病的发生。

氧负离子可通过氧负离子发生器人为生产。优点是来源广泛，生产成本低，省时、省力、省钱；操作简单，杀菌彻底，而且能经呼吸道和皮肤进入机体杀灭病菌，使猪自愈康复。

3.5.3 空气质量防控措施

① 猪场选址甚为重要，新建猪场应选在森林山谷、地势高燥、向南开阔、南北风向、森林或植被茂盛、空气新鲜、氧负离子含量高的地方，建立猪场疾病的自然防疫屏障。

② 在建猪场应树立朝向第一、通风第二、光照第三、保温第四的设计理念。猪舍透光开放，屋顶滴水 2 m 以上，利于透风隔热、喷水降温。舍内上层利于保温透风，中层利于通风换气，下层利于跑气除湿。公猪、配种室、产房、保育舍利于通风加氧。场内绿化面积 40%以上，种植常绿树木植被，遮阴降温，增加负氧离子。

③ 生产区排污实行雨污分离、粪尿分离、干湿分离，减少污染。从设计上保障舍内负氧离子含量充足。

④ 树立通风第一、保温第二的养猪理念，大的猪场应在猪舍内安装空气污染报警器，购置氨气、二氧化碳、一氧化碳、硫化氢、氧气、负氧离子检测仪，对空气进行监测，结合通风、保温、温差控制，建立空气质量控制制度，设置空气质量控制岗位人员，专人负责，确保猪舍空气质量。

⑤ 空气受到污染的猪舍应安装使用氧负离子发生器或氧负离子发生灯泡，人工增加氧负离子，改善猪舍空气质量，杀灭病菌，增强猪体抗菌能力。

现在的猪与以前的品种相比，产生的热量会高很多，因此在生长肥育舍中，基本不需要再人为增加温度。冬天通风有两个目的：一是让新鲜的空气进入猪舍；二是要降低湿度，以免病原微生物滋生。不同生产阶段的猪在不同季节所要求的通风量不同，但实际生产中不能直接由低换到高，必须要有过渡。因此，猪舍最好有大、中、小三种风扇。

⑥ 不同生长阶段建议通风风速如下：

保育猪（7～30 kg）：低风速，1 m/s 为小猪设保温区。

育肥猪（30～100 kg）：1～2.5 m/s 风速，推荐开放式猪栏，利于风冷效应。

公猪：1～1.5 m/s。低饲养密度推荐光照控制。

泌乳母猪：1.5～2.5 m/s，建议为小猪装保温箱。

产房需：母猪需要低温、高风速，小猪需要高温、低风速。

3.5.4 通风系统类型

3.5.4.1 全机械负压通风系统

负压通风是在相对密封的空间内，通过排风扇强行将室内空气抽出，形成瞬时负压，室外空气在大气压下通过进气口自动流入室内的通风模式。整个系统包括排风扇、进气口、控制器、取暖器（冬季）、蒸发降温装置（夏季）等。

1. 排风扇

要选择不同型号和尺寸的风扇分别用于寒冷、温和、炎热的季节。

（1）安装要求　风扇的间距不要超过推荐的最大间距值，要沿着猪舍的中央部位，避开角落，要便于接线和维修。

（2）选择时应考虑的因素　包括气流量、风扇曲面形状、功率、噪声、质量、售后服务、价格等。

（3）噪声控制　避免风扇转速接近 3 500 转/min，因为会产生很大的噪声。直接电机驱动风扇的转速应该低于 1 800 转/min，皮带驱动风扇的转速一般在 500 转/min 左右，风扇噪声就会比较小。

2. 进气口

（1） 要求　能使空气均匀分布，大小能满足最大通风需要；能够适当调节；天花板要有足够位置来安装进气口。

（2） 排布　进气口的排布决定了空气的分布，良好的空气分布才能排除死角以及限制有害的贼风。冬、夏季要使用不同的进气口，使气流流向猪的屁股或头部。

（3） 风速　要使用仪器来测量进气口的风速。一般来说，如果是侧进气口，需要达到 4～5 m/s；如果超过 5 m/s，就说明猪舍的进气口数量不足，应多开几个。如果是天花板进气口，则是 2 m/s。

（4） 天花板进气口　这种进气口是四面出风，其进气量大，达 3 400 m^3/h。注意，要顺着纵向通风的方向开启，防止在冬季形成直接下降的冷风流。

3. 控制器

选择控制器的标准：全系统集成控制；具有灵活性，能够实行小范围改进；性能可靠；容易操作。

3.5.4.2 自然通风(卷帘式)

1. 关键

完全靠自然通风的猪舍，其关键在于卷帘的保养及通风口的控制。

自然通风要求如下：① 圈舍屋顶为“人”字形；② 屋顶每隔 5～6 m 设立 1 个通风烟囱；③ 猪舍通风口离地面约 1.2 m，安装有上下滑动式格挡板；④ 圈舍之间间隔应在 12 m 以上；⑤ 圈舍不宜太高或太低，约 2.6 m 比较适宜。

2. 猪舍内部气流模式

具体见图 3-1。

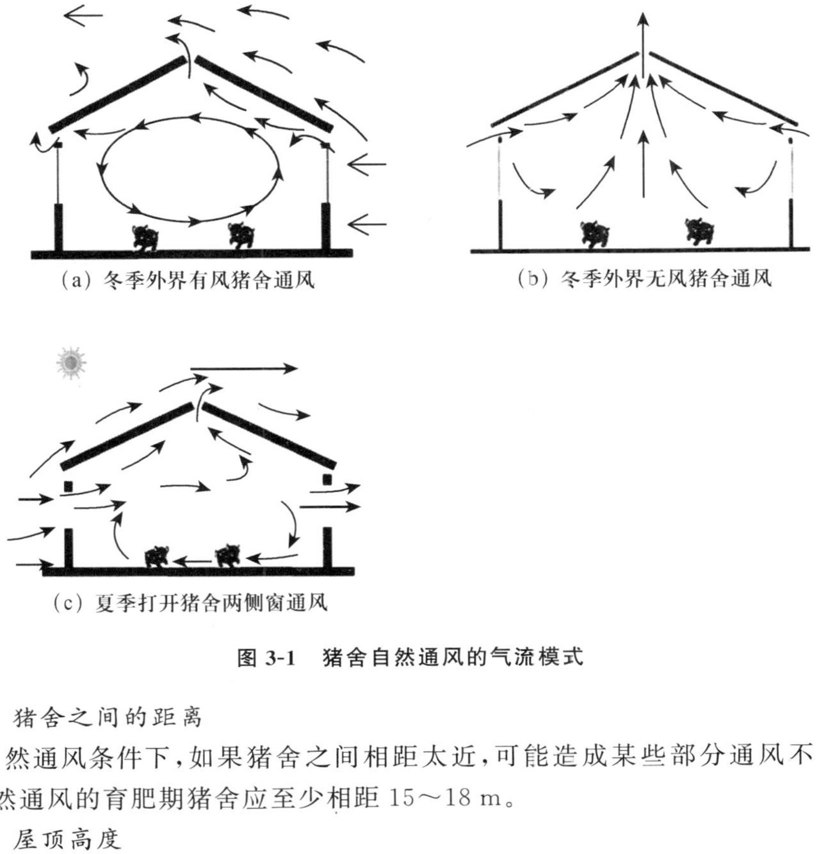

图 3-1 猪舍自然通风的气流模式

3. 猪舍之间的距离

自然通风条件下，如果猪舍之间相距太近，可能造成某些部分通风不良。因此，自然通风的育肥期猪舍应至少相距 15～18 m。

4. 屋顶高度

一般来说，每 12 m 跨度要有 4～6 m 的高度，才能达到通风的作用。

5. 边墙卷帘

帘子的安装部位以及帘子全打开或卷起来都要占用一定的空间，从而减小边墙开口的尺寸，所以在设计边墙开口大小时要留有余地。帘子应该从上向下打开。

帘子的顶端应与墙壁有 8 cm 左右的交叠，以防止帘子全打开时有冷风漏入舍内。卷帘用硬质布料，里面应有防鼠、防鸟网。

6. 屋脊排气口

常见的有两种：一是在屋脊处设置连续开口；二是采用通风筒（烟囱）。烟囱周围有防鸟网；底下最好装有挡风板（不是完全密闭的），可通过绳子调节；烟囱的截面积一般是 60 cm×60 cm；房顶上的烟囱一般是每隔 4～5 m 一个。

7. 边墙开口

猪舍越宽，要求其边墙开口越大。

8. 猪舍朝向

猪舍朝向与主风向垂直，才能最大限度地利用横风，达到最好的通风量。

9. 风扇

主要有两种：一种是桨叶式的吊扇，另一种是推进器式的摇头风扇。① 循环空气的作用。风扇按一定规律（接力式）排列，用于进气口不足或舍内空气流通速度不够的补偿。要想起到接力的作用，送风距离（即风扇间距）应是风扇直径的 25 倍以下。② 降温作用。送风距离应是风扇直径的 10 倍左右，约 15°倾斜，才能起到较好的降温效果。

3.5.4.3 机械/自然相结合的通风系统

这种通风方式以自然通风为主，机械通风为辅。在天气多变或者极端天气条件下，很难充分控制猪舍的自然通风，为了弥补这个缺陷，在天气寒冷或炎热时就需要进行机械通风。

1. 猪舍通风类型

（1） 粪坑式（水泡粪）猪舍排气

① 寒冷天气（冬季）：主要靠粪坑排臭气的风扇排气，通过房顶进气口进风，卷帘关闭。

② 温暖天气（春、秋季）：主要靠粪坑排臭气的风扇排气，通过房顶进气口进风，卷帘部分开启，部分横向通风。

③ 炎热天气（夏季）：卷帘全部开启，横向通风。

（2） 烟囱式排气

① 寒冷天气（冬季）：稍微开放卷帘做进气口，通过屋顶的烟囱排出去。

② 温暖天气（春、秋季）：部分开放卷帘，部分横向通风，烟囱打开。

③ 炎热天气（夏季）：卷帘全部开启，烟囱打开。

2. 优缺点

（1） 优点　① 在暖和的微风天气可采用自然通风，节约电能。② 在断电时可敞开帘子，减少猪被热坏的危险。③ 如果使用辅助取暖，机械通风就可以很容易地控制通风率，与控制不良的自然通风猪舍相比，可以节约取暖用的燃料。

(2) 缺点 ① 既应用机械通风又应用自然通风，猪舍就需要安装较多的设备。② 帘子关闭时不会非常密闭，隔热效果比不上采用隔热材料的实体墙壁。③ 系统的机械通风和自然通风之间的控制和转换比较复杂、困难，这会导致舍内温度发生较大变动。

3.5.4.4 隧道式通风的设计参数

1. 设计原则

设计原则是能产生期望的风速，并且提供期望的换气量。可根据以下公式的计算结果选择高效的风扇：

换气量=(天花板高度×猪舍宽度)×152 m/s(期望风速)

换气量=猪的头数×每头猪每秒最少需要的换气量

(1) 生长育成舍 某生长育成猪舍天花板高度 2.44 m，猪舍宽度 12.2 m，猪头数 1 000 头，则：

换气量Ⅰ=2.44×12.2×152=45.25(m^3/s)

换气量Ⅱ=1 000×0.057(生长育成猪每头每秒最少需要的换气量)=57(m^3/s)

我们需要注意的是，换气量Ⅱ大于换气量Ⅰ，说明风扇不够，需要加量。

(2) 妊娠舍 某妊娠猪舍天花板高度 2.4 m，猪舍宽度 18.3 m，猪头数 500 头，则：

换气量Ⅰ=2.4×18.3×1.52=66.8(m^3/s)

换气量Ⅱ=500×0.12(妊娠母猪每头每秒最少需要的换气量)=60(m^3/s)

换气量Ⅰ小于换气量Ⅱ，说明可以适当增加饲养密度。

随着瘦肉型猪的推广和现代化养猪技术的提高，人们对猪舍的设计和建设提出了更高的要求。良好的通风设计不仅可以给猪提供舒适的环境条件，提高猪群的健康水平和生产水平，减少疾病的发生，而且还能降低饲养管理成本，使猪场生产达到事半功倍的效果。

2. 设计要求

猪舍通风设计在我国不同区域有不同的要求，我国北方冬季气温低且持续的时间长，夏季中午气温高而晚上较凉爽，对通风的要求不但要考虑排除舍内多余的水汽、有害气体、粉尘和病原微生物，引入必要的新鲜空气，还要充分考虑圈舍温度的保持，因此多采用自然通风设计。在我国黄淮流域，既要考虑冬季保温，又要考虑夏季降温，在设计中多用机械通风和自然通风相结合的方式。在长江流域，则主要考虑通风降温，一般以机械通风为主。通风系统一般包括进气口、出气口、排风扇、加热或降温装置。

(1) 自然通风设计 自然通风猪舍应根据当地的风向安排圈舍的建筑走向，

一般边墙朝着主风向，需要较高通风量的产仔舍和妊娠母猪舍应安排在迎风向的一端。

（2）机械通风设计　猪舍的机械通风一般有纵向通风、横向通风、复合通风等。

① 纵向通风设计（图 3-2）。夏季可以有效地降低圈舍温度，猪舍前后端的风速一样，简单、经济实用。该种设计方式适用于我国南方，夏季温度高，冬季温度不低且时间短。

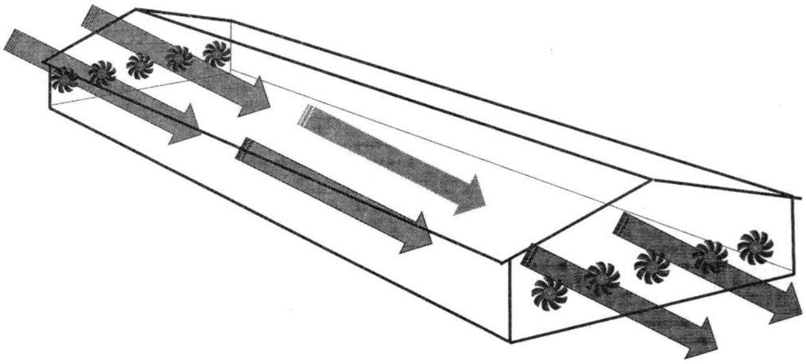

图 3-2　纵向通风

② 横向通风设计（图 3-3）。冬季通风换气理想的设计模式，猪舍各处的温度和空气质量一样。非常低的风速进入猪舍，不产生风冷。冬天与加热系统配合，形成保温-换气模式。该方式适用于我国北方，冬季温度低且持续的时间长。

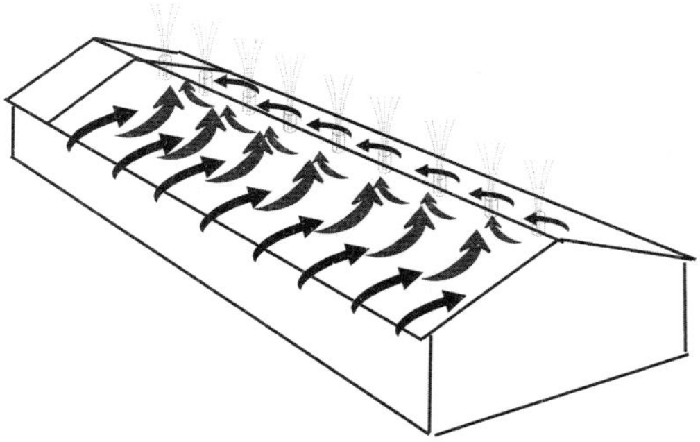

图 3-3　横向通风

③ 复合通风设计。猪舍通风通常采用正压（图 3-4）和负压通风（图 3-5）相结合的模式。

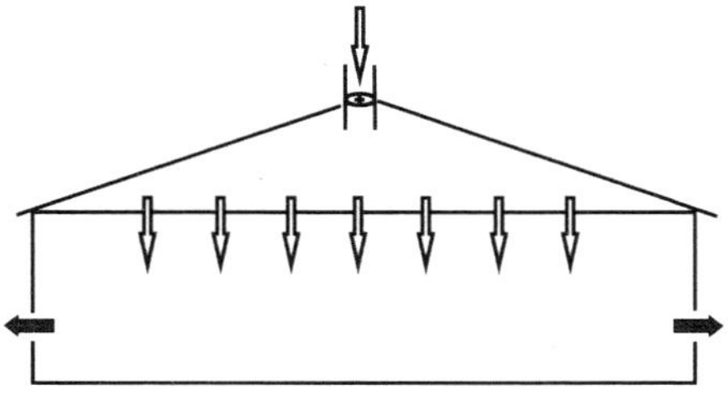

图 3-4 正压通风

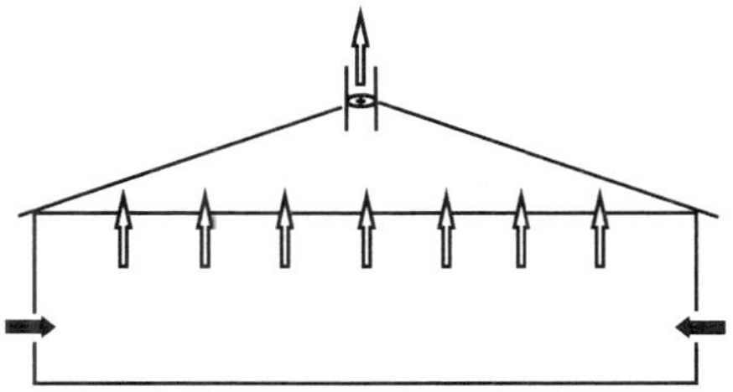

图 3-5 负压通风

3.6 猪舍环境智能监控系统

物联网智能养殖应用框图——猪舍环境智能监控系统见图 3-6。

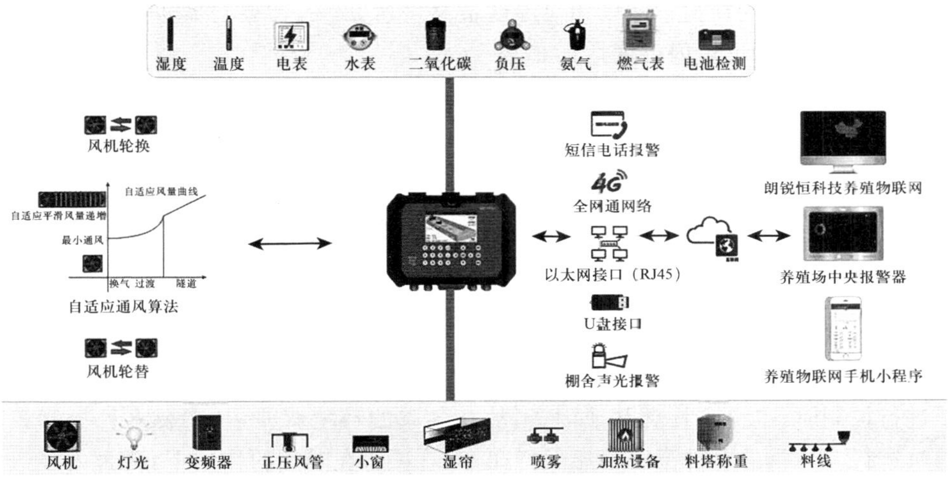

图 3-6 猪舍环境智能监控系统

3.6.1 智能猪舍环境监测与调控系统设计

智能猪舍环境监测与调控系统总体构架可分为感知层、传输层和应用层。其中感知层主要由前端感知单元组成，负责采集猪舍中空气温湿度和有害气体浓度等数据，然后将数据通过 PLC 的扩展模块上传至控制器中，并通过风机、加热器、除湿设备、灯光等对环境进行调节；传输层是由环境控制单元组成，以 PLC 作为控制核心，搭载前端感知单元，实现对环境的自动和手动控制，以 PLCNET 云网关与 PLC 通信，调用其寄存器地址中的数据登录云网关；应用层是由人机交互单元和物联网监控中心组成，通过 PLC 触摸屏作为现场端的可视化平台，可直接观测舍内各环境参数的变化情况并控制执行机构，同时由 PLCNET 云网关与 PLC 通信，通过 4G 信号登录物联网平台，实现远程数据可视化和远程控制。针对不同季节下的环境条件，分析夏季和冬季中空气温湿度、有害气体浓度与通风、加热、除湿等操作之间的关系，并加以控制（二维码 3-1）。

二维码 3-1

夏季室外空气温度在 25～35 ℃，略高于猪生长的正常温度，但受光照因素影响，猪舍内没有垂直阳光照射，且墙壁上的窗户距地面的高度较低，太阳光无法对舍内温度进行作用。经试验得知，北方密闭式猪舍在夏季时的温度基本符合猪的生长要求，故在夏季调控策略中，不需要将温度作为调控的对象。

夏季室外空气湿度在 60%～70%，与猪的生长要求吻合，但由于工作人员清洁舍内时会使用大量的水，蒸发后会导致舍内湿度上升。经试验得知，密闭式猪舍在夏季自然通风的前提下空气相对湿度最高可达 92%，需要对其进行机械通风或除湿处理，从而保证舍内湿度达标。

夏季有害气体也是调控策略中的关键点。在环境温度较高的情况下，粪便和尿液的分解作用会加快，氨气产生的速度也会随之加快，且舍内相对湿度过高后也会与氨气结合产生腐蚀性气体。二氧化碳气体在湿热环境下对猪的影响更大，经试验得知，二氧化碳浓度在自然通风的条件下浓度值可 5 000 mg/m^3 以上，已远超过猪舍的安全标准，故需要进行机械通风降低有害气体浓度。

3.6.2 冬季环境因子变化分析

在冬季的舍内环境中，各种环境因子间的耦合性更加明显，往往对其中一种因子进行控制时，也会干扰到其他因子，故在冬季的环境调控中，需要多种控制策略同时进行。冬季的室外温度常年保持在 0 ℃以下，在暖气的作用下，猪舍内空气温度基本可以达到安全标准。但由于冬季北方密闭式猪舍无法开窗进行自然通风，导致舍内空气湿度和有害气体浓度会保持在一个较高的水平上。

在降低空气湿度方面，机械通风或开窗自然通风虽然可以快速降低空气湿度，但也会使舍内温度快速下降，不能达到猪对温度的要求，故在本研究中，应当采用独立的除湿装置，在不影响其他环境因子的前提下对空气湿度进行控制。

在降低有害气体浓度方面，与湿度控制所遇问题一样。但机械通风又是目前解决有害气体浓度和温度最有效的方式，因此常在通风的同时调控加热，使进入的空气温度与舍内温度一致，即同时达到猪对通风与舍温的不同要求。

3.7 智能养猪粪污处理设备

3.7.1 清粪工艺

目前，国内生猪养殖场的清粪工艺可以分为人工干清粪、水冲粪、水泡粪、机械刮粪。

3.7.1.1 人工干清粪

利用人工收集粪便，包括实心地面人工清扫运输，猪舍高抬人工室外清扫，猪厕所清扫等多种方式。此法在中小猪场中仍有广泛使用。优点是符合环保政策要求，缺点是人工用量大。

3.7.1.2 水冲粪

水冲粪是放水冲洗粪沟，将粪污从排污道清出。以前有中小猪场使用该工艺，虽然节省人工，但用水量大，不满足环保要求，已很少采用。

3.7.1.3 水泡粪

水泡粪是指在畜禽舍内的排粪沟中注入一定量的水，将粪尿、冲洗和饲养管理用水一并排放至漏缝地板下的粪沟中，储存一定时间，待粪沟填满后，打开出口，将沟中的粪水排出。目前，欧美国家猪场仍以水泡粪工艺为主，我国也有许多规模化猪场采用该工艺。

设计合理的浅坑拔塞水泡粪模式具有舍内空气质量好、人工用量少、投资运行费用相对较低等优点。但是目前环保部门的相关规范明确指出，新建、改建、扩建的畜禽养殖场宜采用干清粪工艺。现有采用水冲粪、水泡粪清粪工艺的养殖场，应逐步改为干清粪工艺。水泡粪工艺的使用在很多地区受到了限制，无法通过环保评估。所以近年来的规模化猪场项目更多地采用机械刮粪的方式。

3.7.1.4 机械刮粪

机械刮粪是采用电力驱动刮粪板，每天运行多次清空地沟的清粪方式。

① 链式刮板清粪机。它由链子、刮板、驱动装置、导向轮、张紧装置和钢丝绳等组成。

② 往复式刮板清粪机。它由带刮粪板的滑架、传动装置、张紧装置和钢丝绳等组成。

③ 螺旋搅龙清粪机。这是一种采用螺旋搅龙输送粪便的清粪机，一般用于猪舍的横向清粪。往复式刮板清粪机将纵向粪沟内的粪便送到横向粪沟中，通过螺旋搅龙转动将粪便送至舍外。

往复式刮板清粪机形式上可以分为平刮板和“V”形刮板两种。平刮板相对工艺简单，可将粪尿一起刮出舍外，但舍内没有实现干湿分离，需要后续增加干湿分离设备。由于地沟坡度不大，尿液容易挥发，空气质量相对较差。目前国内的机械刮粪设备还是以“V”形刮板为主。

3.7.2 粪污处理技术

近年来，随着社会经济的发展，社会各界对环保的认知越发清晰。随着养猪业可持续发展的呼声越来越高，猪场废弃物的处理方式也成了“硬性指标”。养殖场粪污治理领域涌现了诸多新技术。

3.7.2.1 干湿分离机处理

干湿分离机（又名猪粪脱水机、猪粪处理机、猪粪固液分离机）是规模化养猪场必备的高效猪粪脱水设备，可广泛用于畜禽粪便的脱水处理。

1. 工作原理

干湿分离机通过无堵浆液泵将粪水抽送至主机，挤压螺旋绞龙将粪水连续不断推至主机前方，物料中的水分在边压带滤的作用下挤出网筛，流出排水管，主机前方压力不断增大，当大到一定程度时，就将卸料口顶开，达到挤压出料的目的。可根据不同需求调整主机下方的配重块，调节机器工作效率和粪便含水率，即当抽入猪粪水过多时，会经溢液管排到原猪粪水池；经螺旋挤压、过滤、分离出的猪粪水可直接排送至沼气池发酵沼气或排送至废水沉淀池等。固体干猪粪由出料口挤出。经固液分离后，猪粪水中的化学需氧量（COD）、生化需氧量（BOD）大幅度降低，便于后续的达标排放。分离出的猪粪水可以直接排放到沼气池进行发酵，发酵后的猪粪渣液是非常好的有机肥液，也可以排放到曝气池进行环保处理。

2. 猪粪经干湿分离脱水处理后的用途及作用

① 经干湿分离后的干猪粪几乎无臭味，黏性小，可做基肥、追肥使用，其肥效长，肥性稳定，可补充土壤中的氮、磷、钾及微量元素，丰富土壤有机质，克服常施化肥使土壤盐碱板结的缺点，起到改良土壤的作用。经实践证明，同等生长条件下，它的肥效较其他肥料更好。

② 经过干湿分离后的固体粪便利于运输，可以高价格出售。

③ 经过干湿分离后的液体粪便直接排入沼气池，沼气池不会被堵塞，可延长沼气池的使用寿命。

④ 经过干湿分离后的固体粪便拌入草糠充分搅拌，加入菌种发酵，造粒，可制成复合有机肥。

⑤ 经过干湿分离后的固体粪便可用于养殖蚯蚓、种植菌菇、喂鱼等，可为养殖场增加一定的经济效益。

3.7.2.2 好氧堆肥处理

1. 原理

好氧堆肥是在有氧条件下，利用好氧微生物分解畜禽粪便。在堆肥过程中，畜禽粪便中的可溶性物质可被微生物直接吸收；而不溶的胶体有机物先被吸附在微生物体外，依靠微生物分泌的胞外酶分解为可溶性物质后，再渗入细胞。

2. 好氧堆肥处理过程

大致可分为以下三个阶段：

(1) 中温阶段　中温阶段也称产热阶段，是指堆肥初期，堆层基本呈 15～45 ℃的中温，嗜温性微生物较为活跃，并利用堆肥中可溶性有机物进行旺盛的生命活动。这些嗜温性微生物包括真菌、细菌和放线菌，主要以糖类和淀粉类为基质。

(2) 高温阶段　当堆温升至 45 ℃以上时即进入高温阶段。在这一阶段，嗜温微生物受到抑制甚至死亡，取而代之的是嗜热微生物可溶性有机物继续被氧化分解，堆肥中复杂的有机物如半纤维素、纤维素和蛋白质也开始被强烈分解。

(3) 降温阶段　在发酵后期，只剩下部分较难分解的有机物和新形成的腐殖质。此时微生物的活性下降，发热量减少，温度下降，嗜温性微生物再次占领优势，对残余较难分解的有机物进一步分解，因此腐殖质不断增多且稳定，堆肥进入腐熟阶段。此时堆肥需氧量大大减少，含水率也降低，孔隙度增大，氧扩散能力增强，只需自然通风。

3.7.2.3 厌氧堆肥处理

1. 原理

厌氧堆肥是指在缺氧条件下利用厌氧微生物进行的腐败发酵分解，其最终产物除了二氧化碳和水外，还有氨、硫化氢、甲烷和有机酸等物质，其中氨、硫化氢等物质有异臭气味，而且厌氧堆肥需要的时间也很长，完全腐熟往往需要几个月的时间。传统的农家肥就是厌氧堆肥。

2. 厌氧堆肥过程

(1) 第一阶段为产酸阶段　产酸菌将大分子有机物降解为小分子的有机酸和乙酸、丙醇等物质。

(2) 第二阶段为产甲烷阶段　甲烷菌把有机酸继续分解为甲烷气体。

厌氧过程没有氧参加，酸化过程产生的能量较少，许多能量保留在有机酸分子中，在甲烷细菌作用下以甲烷气体的形式释放出来。

3.7.2.4 异位发酵技术

异位发酵技术是近几年养殖场比较容易接纳的粪污一体式处理模式。它是以农业秸秆等作为垫料，通过添加微生物菌种，实现对猪场粪尿降解，生产有机肥的过程。这种模式下,猪场的粪尿可以实现全面转化,适用于传统猪场粪尿的资源化处理。

1. 特点

(1) 降低猪场投资　传统猪场不需要进行大面积的改造,仅需要做好猪场粪尿的收集以及雨污分流,布置好粪污汲取管线,搭设异位发酵槽,布置好好氧发酵所需的机械。

(2) 系统地处理畜禽粪尿　猪场由水冲改为干清,从源头降低了猪粪尿的产出,通过集中刮粪装置将猪粪尿排入粪污池中,再通过专门的管线将猪粪尿均匀地喷洒在铺设垫料的发酵槽中,让机械进行来回翻抛,实现粪尿微生物快速降解。

(3) 小投资大回报　异位发酵的垫料可以1～2年更换1次,经微生物发酵腐熟后,便是优质的生物有机肥,不仅可以还田,降低化肥的使用量,也能出售,增加效益。实现猪场废弃物由“污染”变为“资源”的转变。

2. 原理

异位发酵技术是对发酵床养猪进行升级的产物。它将养猪与有机肥的发酵空间进行区分,降低了猪群患病的风险,加快了生猪生长速度,也实现了粪污的资源化利用。该技术利用翻抛机来回翻耙,增加了物料与氧气的接触,实现了快速堆肥。原则上要求垫料与猪粪尿的含水量保持在40%～60%,倘若含水量过高,可预先进行干湿脱水分离。在微生物菌种的充分发酵下,堆肥会产生大量的热,将剩余水分蒸发。

3.7.3　污水处理技术

畜禽养殖业污水的传统处理技术存在着投资大、达标排放不稳定、运行费用相对高等问题,一般养殖场很难承受。

3.7.3.1　处理养殖废水应遵循新思路

目前,国内外规模化猪场粪污的处理方法主要包括综合利用和处理达标排放两大类。综合利用是生物盾能经过多层次利用,打造生态农业,保证农业与环境和谐共处的可持续发展之路,处理后达标排则是多级处理环节之后,在日允许排放浓度范围内将有机肥排放至鱼塘、农田或果园等地方再利用,以最大可能减少环境污染的程度。

3.7.3.2　猪场养殖废水的预处理方法

猪场养殖废水无论采取何种工艺及措施来处理,都应该进行一定的预处理。预处理可使废水污染物在之后处理步骤中的负荷降低,同时防止大的固体或杂物进入后续处理环节,造成处理设备的拥堵或损坏。针对粪污中的大物粒成分,猪场可采用沉淀、过滤及离心等固液分离技术来进行预处理,常见的格栅、沉淀池及筛网都属于此范畴。沉淀是废水处理中应用最广的方法之一，是在重力作用下悬浮物自然沉降并且与水分离的处理工艺。目前，规模猪场的废水处理设施基本都是串联 2～3 个沉淀池，通过过滤、沉淀及氧化分解对粪污进行处理。

此外，还有一些机械过滤设备，包括自动转鼓过滤机和离心盘式分离机，都可用于猪场粪污的预处理。

3.7.3.3 养殖废水的主要处理技术

1. 自然处理法

自然处理法是利用天然水体、土壤和生物的物理、化学及生物的综合作用来净化污水。其净化步骤主要包括过滤、截留、沉淀、物理和化学吸附、化学分解、生物氧化和吸收等。其原理涉及生态系统中的物种共生，物质循环再生，结构与功能协调，分层多级截留、储藏、利用和转化营养物质等。这类方法投资少、工艺简单、耗能少，但净化功能受自然条件的制约。自然处理的主要模式有氧化塘、土壤处理法和人工湿地处理法等。

氧化塘又称生物稳定塘，是一种利用天然或人工整修的池塘进行污水生物处理的构筑物。其对污水的净化过程和天然水体的自净过程很相似，污水在塘内停留时间长，有机污染物通过水中微生物的代谢活动而被降解，溶解氧则由藻类通过光合作用和塘面的复氧作用提供，也可通过人工曝气法提供。作为环境工程构筑物，氧化塘主要用来降低水体的有机污染物，提高溶解氧的含量，并适当去除水中的氮和磷，减轻水体富营养化的程度。

土壤处理法不同于季节性的污水灌溉，是常年性的污水处理方法。将污水施于土地上，利用土壤-微生物-植物组成的生态系统对废水中的污染物进行一系列物理、化学和生物净化过程，使废水的水质得到净化，并通过系统的营养物质和水分的循环利用，使绿色植物生长繁殖，从而实现废水的资源化、无害化和稳定化。

人工湿地可通过沉淀、吸附、阻隔，微生物同化、分解、硝化、反硝化，以及植物吸收等途径去除废水中的悬浮物、有机物、氮、磷和重金属等。近年来，对于人工湿地的研究越来越受到重视，叶勇等利用红树植物木榄和秋茄处理牲畜废水营养盐 N、P，结果表明这两种植物对 N、P 的去除效果较好。廖新俤、骆世明分别以香根草和风车草为植被建立人工湿地，发现季节不同，它们对污染物的去除率不同，COD Cr 去除率可达 90%以上，BOD5 可达 80%以上。

自然处理法投资少，运行费用低，在有足够土地可利用的条件下，是一种较为经济的处理方法，特别适合小型畜禽养殖场的废水处理。

2. 人工厌氧处理法

20 世纪 50 年代以来，人们开发出多种人工厌氧处理技术，主要是利用以提高污泥浓度和改善废水与污泥混合效果为基础的一系列高负荷反应器的发展来处理废水。厌氧处理的特点是占地少、耗能低，还可以产生沼气，处理过程并不需要氧，具有较高的有机物负荷潜力，能降解一些好氧微生物所不能降解的污染物。目前，国内猪场废水处理主要采用的是上流式厌氧污泥床和升流式固体反应器工艺。若有可供利用的土地，经厌氧处理后的污水能够作为液态有机肥还田，但是往往排放量比较大，运输、施用都不太方便，一般情况下须经多级好氧处理后达标排放为宜。

3. 人工好氧处理法

好氧处理的基本原理是利用微生物在好氧条件下分解有机物，同时合成自身细胞（活性污泥）。在好氧处理中，可生物降解的有机物最终被完全氧化为简单的无机物。该方法主要有活性污泥法、生物滤池法、生物转盘法、生物接触氧化法、序批式活性污泥法、A/O 法及氧化沟法等。这方面研究较多的是水解与序列间歇式活性污泥法（SBR）结合的工艺。SBR 工艺即序批式活性污泥法，是基于传统的 Fill-Draw 系统改进并发展起来的一种间歇式活性污泥处理工艺，它把污水处理构筑物从空间系列转化为时间系列，在同一构筑物内进行进水、反应、沉淀、排水、闲置等周期循环。SBR 与水解方式结合处理养殖废水时，水解过程对 COD Cr 有较高的去除率。SBR 对总磷去除率为 74.1%，对高浓度氨氮去除率达 97%以上。此外，其他好氧处理技术也逐渐应用于畜禽废水处理中，如间歇式排水延时曝气法（IDEA）、循环式活性污泥系统（CASS）、间歇式循环延时曝气活性污泥法（ICEAS）。

思考题

1. 产房温度控制中需要如何满足哺乳母猪和仔猪的温度需求？

2. 在环境保护要求下，粪污的资源化处理是可持续发展的必经之路，一般的猪场是如何做的？

第4章 智能化养猪新技术

【本章提要】传统的养殖生产中，数据采集、分析、决策以及措施执行主要依靠人工与机械相结合的方式，容易出错、用工成本高，最终导致养殖业整体效率低下。人工智能等新一代信息技术为解决上述问题带来了新的工具与方法，数据采集-洞察与分析-决策执行整个链条可以基于智能技术自动完成闭环，显著提升养殖业生产力。本章节主要介绍了智能化养殖技术解决的行业问题、系统架构，以及主流的智能养殖技术方向及其如何落地实施，并提供了案例参考。

4.1 智能化生猪防疫制度

智能化生猪防疫制度主要是指在传统猪场生物防疫管理的基础上，利用智能化设施、设备、技术等规范智能猪场防疫制度，对猪场生物安全进行提效、降本。

4.1.1 猪场生物防疫现状

猪场生物安全在猪场管理中占据着重要地位。针对猪场生物安全等级是否符合当前猪场管理预期的问题，2020 年 2 月小龙潜行产业数据中心针对全国 83 家猪场的一线管理人员和集团管理层以问卷形式进行了调研，得出重要结论：

① 94%的猪场管理人员对当前猪场生物安全管理感到焦虑，其中 41%的管理人员感到极度焦虑，34.9%感到中度焦虑，18.1%感到轻度焦虑。

② 43.4%的猪场存在不遵守生物安全规范的行为。53%的猪场管理人员认为自己的猪场存在生物安全不规范情况，但无法有效追踪和管理。

从传统的猪场生物健康团队的规则制定、执行贯彻及反复检查阶段，到通过技术手段实现生物健康全面、实时、无人或少人的防疫升级是产业市场的刚需及智慧猪场的发展趋势。

4.1.2 猪场生物安全智能化解决方案

猪场生物安全管理的智能化升级既需要考虑猪场实际情况，又应该兼顾猪场成本。以下介绍的是利用生物安全边缘计算设备及智能花洒，实现重点进出环节的数字化管控，及时监控预警并发出处理信息，最终形成全场景的实时/准实时的解决方案（图 4-1）。

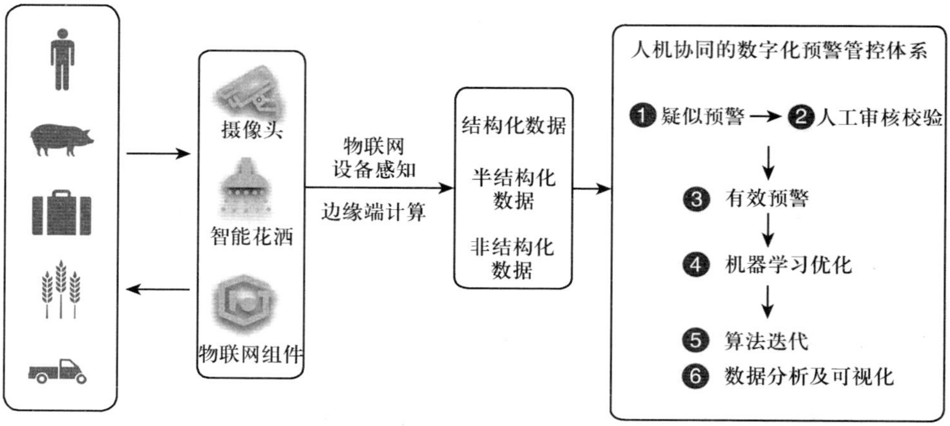

图 4-1 猪场生物安全智能化解决方案

传统监控如果没有专人值班，基本上等于摆设；即使有专人值班，单纯依靠人力监视大量的监控画面也不实际。猪场生物安全智能防控系统能够实时分析视频中的异常情况，把 99%的正常视频过滤，把 1%的异常视频抓拍出来，让监控变得更加简单和高效。

通过 AI 行为技术的应用，让监控系统具备了自主识别能力，从根本上解决了传统监控依靠人力监视大量视频画面而无法及时有效地发现问题的弊端，让监控中心能更及时发现问题，自动存储异常视频，让事后取证更高效。

猪场生物安全智能防控系统的主要功能是在猪场现有生物安全管理标准作业程度（SOP）的基础上，通过兼容原有视频监控系统的边缘计算设备，实现生物安全重点环节的自动识别、自动抓拍，并将抓拍结果及视频（15～60 s）通过互联网或局域网快速传输给本地管理中心、预警中心或管理者的微信小程序中，支持将预警信息传输至本地声光电预警设备（依据猪场条件），并自动形成日报、月报体系，系统可根据用户需求，提供相应数据传输接口，实现生物安全智能防控系统与用户数据中心或自有系统的无缝对接。

4.1.2.1 解决方案架构

该方案主要通过小龙潜行边缘计算终端设备对交换机与猪场本地监控系统进行连接，通过对本地监控系统视频流的实时读取，基于已经完成配置的算法对画面进行 24 h 的实时监控计算。对于违规的操作行为和其他异常情况，实时传输相应的图片、视频截图及文字预警信息，完成从现场操作到视频监管、自动行为分析及报警查看的生物安全智能监管闭环（图 4-2）。

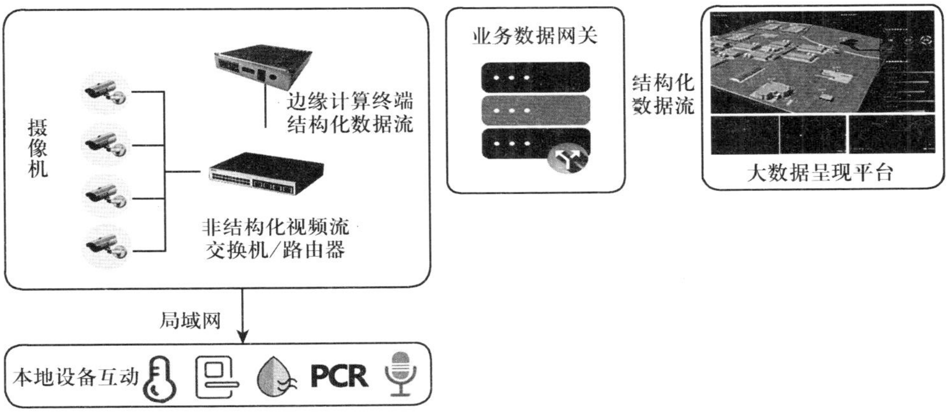

图 4-2　生物安全边缘计算系统架构

生物安全智能防控系统相当于为猪场监控系统安装了一个“独立思考的大脑”，用计算机取代人的工作去监视并在海量的视频数据中快速检索识别异常，辅助猪场生物安全团队及时高效处理各种突发事件并提供事后取证的依据，任何在摄像机画面中发生的事件，系统都会对目标做出检测。

生物安全智能防控系统是结合 AI 技术和基于物联网技术的一种新兴人机结合的牧场生物安全辅助防控系统，能主动识别场景内“人”“猪”“物”“料”“车”行为及动作，结合猪场生物安全防控规范规则，对猪场内外各种行为做出有效判断。如翻墙、串岗、猪异常逃栏，卖猪过程“三段式”监控、人员工服颜色管理、异常人员入侵、外来生物入侵、车辆停放不规范、洗消异常等，一旦被监控摄像机或感应器捕捉到类似行为，则立即预警给监控中心，监控中心可以快速做出反应，及时防范，阻止事态恶化。它还可以根据用户实际需求，由用户自定义各种符合管理要求的行为动作，从而实现各种异常行为动作的事前预警、高效处理和及时取证（二维码 4-1，二维码 4-2）。

二维码　4-1

二维码　4-2

生物安全智能防控系统让每一路摄像头都变成“人的眼

睛”，不折不扣地把它所看到的各种异常行为上报给管理者，还可以通过小程序把各种突发事件的现场照片及视频上报给更高层的管理者，监督基层管理人员是否及时处理和解决场地内发生的问题。

生物安全智能防控系统通过视觉手段和非视觉手段相结合的方式辅助猪场健全管理体系，防患于未然，并实现猪场全流程的数字化呈现，辅助管理者通过“一张看板、一个小程序”做到更加精准可靠的数字化生物安全防控。

4.1.2.2 工作原理

1. AI 计算盒算法处理流程

见图 4-3。

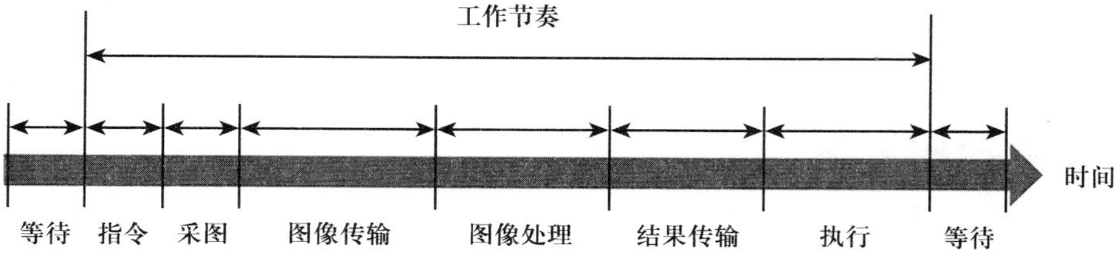

图 4-3 工作原理

2. 工作原理及服务说明

见图 4-4。

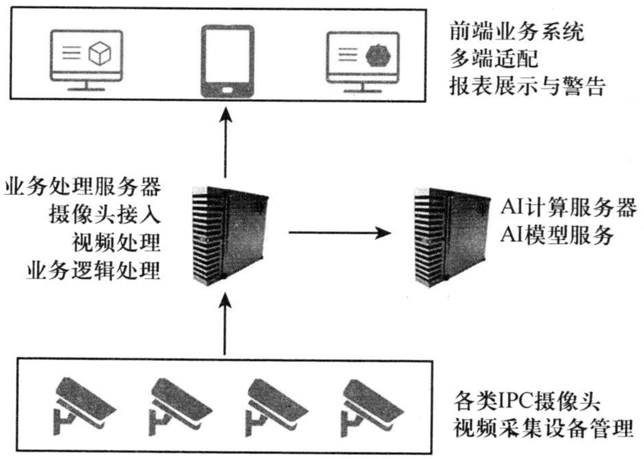

图 4-4 工作原理

3. 配置说明

猪场生物安全智能防控系统具有“即插即用”的特点，各种设备插入接口后可马上使用(图 4-5)。

步骤一：连接网线

步骤二：连接电源

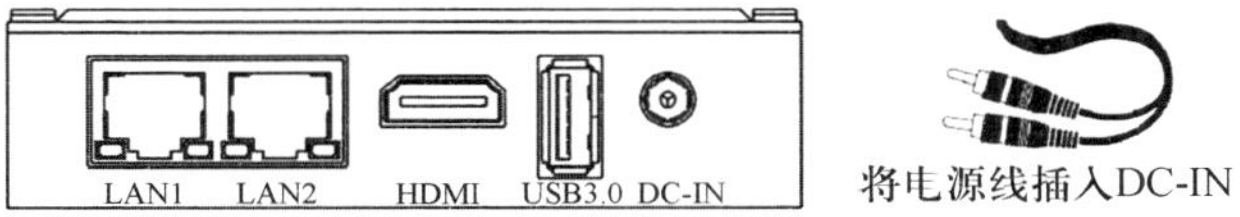

图 4-5　设备能“即插即用”

猪场生物安全智能防控系统的网络设置具有“简单快捷”的特点，通过 Google 或 Firefox 浏览器，在网址栏输入“192.168.0.118”后，即可进入“AI 计算盒”的设置界面；然后进入网络配置页面就可以配置新的 IP 地址；进入通道配置页面就可以配置摄像头通道。各种操作十分简单快捷。

步骤一：输入192.168.0.118默认IP地址

图 4-6　网络摄像头通道的设置简单快捷

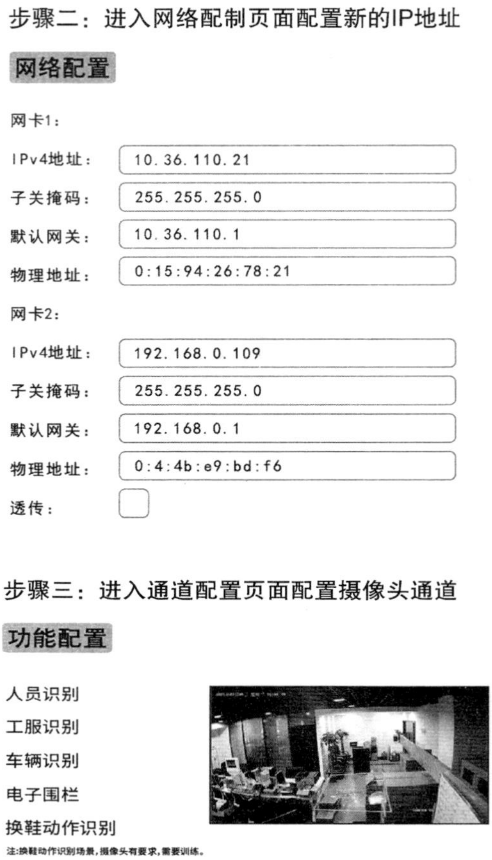

图 4-6(续)

4. 智能监控点位

见表 4-1。

表 4-1　智能监控点位案例表

监控区域	监控位置	命名	生物安全要求	安装位置	安装数量
场外	车辆洗消房烘干房	洗消房	监控车辆出入及洗消过程	洗消房与烘干房出入口侧方位离地面40～50 cm，洗消房内的四个角落	4
		烘干房	监控车辆进出时间		

续表 4-1

监控区域	监控位置	命名	生物安全要求	安装位置	安装数量
场外	猪场外围墙	围墙	防止抛物及人员翻墙	按照摄像头可视距离分布(建议选用 100～150 m 视距)	40
第一道防线	猪场大门	橙-猪场大门	① 辐射大门进出区域,监控猪场大门人员及车辆进出 ② 辐射人员进出完整画面情况	猪场门口	2
橙区	料塔	橙-中转料塔	监控中转料塔的饲料安全,送料、转料的生物安全操作规范	中转料塔前	2
	地磅	橙-地磅(前/后)	监控称猪过程	地磅前后各一个	2
	环保及无害化处理区	橙-环保站	辐射黑膜池全区域、水塘集粪池周边道路及进出口	黑膜池四角、水塘集粪池四角、道路、进出口	12
第二道防线	生产生活区建筑物入口处	黄-生产生活区入口	辐射生产、生活区进出区域人员进出,监控生产生活区入口人员及车辆进出	建筑物入口处	1
第三道防线	人员沐浴间	黄-沐浴间(进/出)	辐射人员进出完整画面情况	防线前后各一个(所有点位合用)	2
绿区	人员换鞋间	绿-换鞋	换鞋检测	换鞋凳前方能辐射换鞋凳全部	2
绿区	猪舍内过道	绿-生产区栋舍	辐射猪舍整体区域,监控猪群转移、逃栏及赶猪情况	栏位过道	2
	赶猪通道	绿-赶猪通道	监控出猪台猪群转移、赶猪通道情况,监控人员活动、进出情况	出猪通道	4
	生产区主道路	绿-生产区主道路	监控人员活动、车流进出情况	主要通道	12

4.1.3 人工智能系统的亮点

从架构分析，它是一套AI架构为主导的视频监控系统；从功能分析，它可以通过视频分析出“人”“猪”“物”“料”“车”的各种动作行为，并提前预警，主动防御，及时发现问题。

1. 提前预警，主动防御

众所周知，猪场的监控系统，如果没有监控中心专人值班，基本上等于摆设，只能起到一定的威慑和事后视频取证的作用。如果有专人值班，往往监控画面比较多，必须设专门的监控中心，那么值班人员面对几十甚至几百个监控画面，他们即使想看完，也有心无力，根本不可能关注到所有画面，还是起不到对猪场生物安全有效监管的作用。

小龙潜行生物安全智能监控系统是通过系统检测所有前端画面，把猪场生物安全需要管理的异常场景确认好，一旦被监控系统拍摄到这些异常情况，系统会立即把事发现场的视频、画面以及所在地点传给生物安全管理专员，而且不需要高清解码器、综合平台、网络键盘、流媒体服务器这些设备，又可以及时发现问题，及时处理。

2. 无人值守

猪场生物安全智能监控系统依靠自动识别技术接管了值班人员的监视工作，自主监测画面中的异常情况，及时高效地反馈各种可能存在的风险，主动预警。

智能监控系统的预警方式有两种：第一种预警方式为监控中心预警屏幕自动弹出事发现场的视频，让值班人员及时发现问题，也就是说，平时只需要关注预警屏幕即可达到实时监控的目的。第二种预警方式为手机小程序预警，系统会把发生异常情况的现场视频截图发送到小程序上进行预警，无人值班的监控场景也能让管理者立即发现问题，提前预警。

如果没人值班，它的优势相当明显。如果有人值班，它也给生物安全专员降低了工作难度，只需要面对一个预警屏幕即可完成值班监控的目的。

3. 兼容旧系统，充分利旧

猪场生物安全智能监控系统是一套全数字架构的视频监控系统，它和传统的数字高清网络视频监控系统并无区别。因此，如果是对旧系统改造，只要旧系统使用的是数字高清的监控系统，无论是什么品牌，理论上来说，是可以全部兼容的，即使协议不能兼容，以现在的技术也可以解决兼容的问题。

4. 降低人工成本

猪场安装智能监控系统的目的就是希望通过监控系统起到监督和威慑的作用。

猪场生物安全智能监控系统安装在前端的每一个监控点都相当于人的眼睛，它会不折不扣地把所看到的情况及时汇报给监控中心或者管理者。如果增加监控点位的布局，实现无死角监控，理论上来讲，看监控视频的人可以大幅度减少，从而达到降低人工成本的目的。生物安全专员由于不用再面对几十甚至几百个监控画面，工作强度降低了，猪场也可以适当减少值班人员的数量。

小龙潜行生物安全算法是小龙潜行生物安全智能监控系统的重要一环，主要通过本地或云端部署到连接猪场监控系统的小龙潜行 AI 计算盒中，结合猪场本地 SOP 管理规范，对实时接入的视频流进行行为分析及判断，辅助人工对生物安全合规、违规情况进行高效判断。

4.1.3.1 周界预警/电子围栏

1. 周界预警功能描述

- 周界预警是指对监控摄像头所在区域设定任意边界的电子围栏区域；
- 可自定义围栏内移动物体的进出方向并进行警戒；
- 可搭配目标识别及跟踪，针对性地对进出目标及进出方向进行判断，并对违反规定的出入目标或方向进行识别、截图及截取 15～30 s 视频进行预警；
- 可自由设定不同时段对目标进行警戒。

2. 周界预警算法算力参数说明

见表 4-2。

表 4-2 周边预警参数说明

算法名称	算法能力	适用范围	功能类型
周界预警	监控画面所覆盖的任意区域，可以根据实际需要构建任意多边形的围栏区域，用于入侵警戒，并可结合不同的目标识别对特定的目标进行入侵预警	① 无特定目标的移动侦测预警（环境变化及风吹草动会有高频的预警） ② 特定目标的越界入侵（人、猪、物、车、固定区域监控保护） ③ 特定目标或场景下物体移动的视频抓拍及人工审核	辅助型

3. 周界预警推荐场景参考

周界预警搭配其他算法功能涉及较多，列举以下若干高频场景供参考：

- 猪场复杂生物安全场景的智能抓拍；
- 猪场门口外来人员、车辆的进出管理及预警；
- 猪场封控区域或固定时段人员、车辆进入区域的管理及预警；
- 猪场脏净区之间的非合规人员的进出管理报警；
- 猪场围墙区域异常人员接近的管理及报警。

4.1.3.2 工服颜色识别

1. 工服颜色识别功能描述

工服颜色识别是猪场生物安全颜色管理的重要组成部分，主要通过对工服颜色的识别结合猪场内颜色管理规范进行有效协同管理，并对违反颜色管理规定的工作人员或外来人员进行及时预警、图片抓拍、视频存证，协助猪场严格遵守场内颜色管理规范，提高员工颜色管理分区意识。

工服颜色识别理论上支持任意颜色，但建议衣服和裤子保持统一颜色，用以方便进行颜色区分；理论上支持无限种颜色，但通常红、蓝、黄、白、黑等色差较为明显的颜色更易区分。

2. 工服颜色识别算法算力参数说明

见表 4-3。

表 4-3 工服识别参数说明

算法名称	算法能力	适用范围	功能类型
工服识别	基于不同颜色的工服识别	有光源能够辨别颜色的场景	应用型

4.1.3.3 洗手识别

1. 洗手识别功能描述

洗手识别主要是通过对手部的识别判断结合固定的洗消区域，对洗手时长进行判断，可以判断人员在洗手区域洗手时间是否达标。

2. 洗手识别算法算力参数说明

见表 4-4。

表 4-4 洗手识别参数说明

算法名称	算法能力	适用范围	功能类型
洗手识别	洗手时长和洗手动作判断	无遮挡，有明确洗手规则，部分场景需要配合调整摄像头及角度	应用型

4.1.3.4 换鞋识别

1. 换鞋识别功能描述

换鞋识别主要用于换鞋动作的监管。换鞋是猪场日常生物安全管理环节中重要且高频的环节。本功能主要通过视频分析、判断人在换鞋凳上换鞋的动作，针对脚沾地、没有换鞋转身等违规的动作，及时通过机器进行判断并给出预警，辅助猪场生物安全管理人员及时了解并切断可能的由于人为因素带来的病毒传播风险，并对全体员工进行及时提醒和教育。

2. 换鞋识别算法算力参数说明

见表 4-5。

表 4-5 换鞋识别参数说明

算法名称	算法能力	适用范围	功能类型
换鞋识别	判断换鞋动作是否正确，判断脚是否落地、是否脱鞋	有换鞋等场景的换鞋监管诉求	应用型

4.1.3.5 车辆识别

1. 车辆识别功能描述

车辆识别主要是识别车辆的出现，可以结合越界报警等算法，帮助企业发现车辆是否违停、司机是否乱下车、洗消时间是否充足等，避免由于车辆带来的病原污染。

2. 车辆识别算法算力参数说明

见表 4-6。

表 4-6 车辆识别参数说明

算法名称	算法能力	适用范围	功能类型
车辆识别	识别目标区域车辆以及是否停车越界，并可根据工服判断司机是否下车	有停车监管诉求的场景	应用型

4.1.3.6 踩消毒桶识别

1. 踩消毒桶识别功能描述

小龙潜行已经完成了国内近 30 个猪场超过 500 个点位的部署识别，经过小龙潜行产业数据中心近半年的分析发现，踩消毒桶的动作占整个猪场生物安全违规行为的一半以上。主要违规行为体现在员工踩消毒桶时间不够、忘记踩消毒桶、单只脚踩消毒桶等。小龙潜行已经成功帮助某国内大型集团企业完成了数百次的员工踩消毒桶不规范的预警提示，极大地提高了员工的生物安全意识并减少了违规行为的发生。

2. 踩消毒桶算法算力参数说明

见表 4-7。

表 4-7 踩消毒桶参数说明

算法名称	算法能力	适用范围	功能类型
踩消毒桶识别	识别踩消毒桶时间，是否两只脚进入	主要放置消毒桶的通道	应用型

4.1.3.7 踩消毒垫识别

1. 踩消毒垫识别功能描述

踩消毒垫识别类似踩消毒桶，主要适配有该要求的猪场。

2. 踩消毒垫识别算法算力参数说明

见表 4-8。

表 4-8 踩消毒垫识别参数说明

算法名称	算法能力	适用范围	功能类型
踩消毒垫识别	是否踩消毒垫	放置消毒垫的区域	应用型

4.1.3.8 AB 门开关状态检测

1. AB 门开关状态识别功能描述

该功能主要通过视觉分析，检测门开关状态，如物资消毒和取物资时监控门的状态，结合企业管理要求，对于是否开关门以及开关门的时间是否符合规范等进行实时识别和预警。

2. AB 门开关识别算法算力参数说明

见表 4-9。

表 4-9 AB 门开关识别参数说明

算法名称	算法能力	适用范围	功能类型
AB 门开关状态识别	识别是否开门或关门	物资消毒间等需要识别开关门的区域	应用型

4.1.3.9 外来生物识别

1. 外来生物识别功能描述

外来生物主要是针对猫、犬的识别，若需要识别老鼠、飞鸟等，则需要进一步采集更多结合本地猪场内的数据进行针对性调整。

2. 外来生物识别算法算力参数说明

见表 4-10。

表 4-10 外来生物识别参数说明

算法名称	算法能力	适用范围	功能类型
外来生物识别	识别外来生物，如猫、犬、飞鸟等	全域	应用型

4.1.3.10 卖猪生物安全识别

1. 卖猪生物安全识别功能描述

卖猪生物安全识别主要是指赶猪环节猪是否回流、人员是否交叉，通过对关键动作的捕捉，判断卖猪销售环节是否出现违规行为。该功能由于需要同时识别出画面中的人、猪，以及猪的动作和进出方向，因此需要更强的计算资源支撑。

2. 卖猪生物安全识别算法算力参数说明

见表 4-11。

表 4-11 卖猪生物安全识别参数说明

算法名称	算法能力	适用范围	功能类型
卖猪生物安全	卖猪环节人员是否交叉，猪是否回流	售猪通道	应用型

4.1.4 人机结合实现猪场生物安全自动化

智能化的本质是实现高效和降本管理，人机结合会更好地提高猪场生物防疫的管理效率。

4.1.4.1 建议人机结合的方法

若需定制完善的生物安全解决方案，无论是新建猪场，还是已经安装监控系统的猪场，可根据自身实际情况完成各点位生物安全的要求。小龙潜行将根据实际算法情况以及场景结合情况，将不同点位的生物安全要求分成三级。

1. 一级：全自动算法判断识别

补充描述：工服颜色识别，由算法全部自动识别。

2. 二级：算法识别部分内容后，其他部分由人工判断

补充描述：需要识别洗手 15 s 且动作为刷手，算法可判断 15 s 洗手，但刷手动作需要人工判断。

3. 三级：自动抓拍

由于部分复杂场景监控镜头距离远、动作复杂、场景复杂等，无法形成通用算法，而是形成对该场景的自动抓拍，供人工审核。若想实现自动化，则需要进行场景算法定制，定制费用根据实际工作量进行二次评估。

表 4-12 自动抓拍参数说明

位置	工服颜色	区域名称	算法配置	生物安全抓拍内容	核查标准
内场门	内场黄色	生活区	工服识别	物资消毒	物资每次消毒
进场道路	门卫红色，返场人员灰色	门卫区	工服识别，外来车辆，外来生物	物资、车辆、人员遵守生物安全要求	大门闭锁，对车辆、物资监控

续表4-12

位置	工服颜色	区域名称	算法配置	生物安全抓拍内容	核查标准
外场侧门	门卫红色，外场橙色	外场区	工服识别，外来车辆，外来生物	物资、车辆、人员遵守生物安全要求	大门保持闭锁，车辆、物资监控
一道门入口	门卫红色，外场橙色	门卫区	工服识别	物资、车辆、人员遵守生物安全要求	大门保持闭锁，车辆、物资监控
二道门入口	外场橙色，内场黄色	外场区	工服识别	物资、车辆、人员遵守生物安全要求	大门保持闭锁，车辆、物资监控
二道门出口	外场橙色，内场黄色	外场区	工服识别	物资、车辆、人员遵守生物安全要求	大门保持闭锁，车辆、物资监控

4.1.4.2 实现效果说明

1. 一级：全自动算法判断识别

由系统自动判断该区域猪的动作行为，并将疑似异常行为形成 15～30 s 小视频及截图，推送至管理者手机微信小程序或通过系统接口直接推送给企业预警中心。

2. 二级：算法识别部分内容后，其他部分由人工判断

部分高频场景要求细节较多无法形成机器判断的情况下，建议以人机结合的方式进行综合判断。

3. 三级：自动抓拍

部分无法实现机器自动判断的，一旦出现人员、车辆等目标问题，系统自动进行视频上报，供人工审核，方便生物安全专员或管理者查看视频事件，避免 24 h 的监控查看，极大提高人工审核效率。

猪场生物安全是猪场生物健康的一个重要部分，其核心是通过对猪场及猪场外围的人流、物流、车流进行规范性的流程管理，通过隔离、消毒等措施尽最大可能阻断病原传播路径。据小龙潜行产业中心的调研数据显示，规模化猪场生物安全环节的规范性程度随着标准化生物安全流程的落实会更加完善，73.5%的规模化养殖企业将生物安全的管理列为猪场生物安全管理的第一位。

4.2 智能化养猪模式

4.2.1 智能养殖在国内外的发展概况

21 世纪最初的 10 年，人工智能技术还大多停留在科研院所里，行业应用较少，很难达到人类智能水平。直到 2012 年，以深度学习为代表的人工智能技术引起各行各业的注意，2016 年谷歌开发的 AlphaGo 系统以 4：1 的比分击败世界围棋冠军李

世石，人工智能迎来了爆发期，并在工业、医疗、安保、金融、教育等行业逐渐深入。

近年来，我国的规模化猪场占比迅速增加，但数字化软硬件设施无法配套、养殖从业者素质偏低、管理水平不高等现状导致养猪行业综合效率低下、饲料资源严重浪费、粪污污染严重等问题，使养猪产业碳排放量无法有效监控、管理。究其根本，还是养殖过程中各环节数据无法实时监测采集，进而无法基于实时数据采取精准的饲喂与其他管理措施，因此在养猪行业运用智能工具实现数据实时监测、精准饲喂等，对高效低碳养殖意义重大。

4.2.2　智能养殖解决的主要行业问题

提升生猪养殖水平的关键：一是进行精准营养与饲喂管理，降低料肉比；二是降低非生产天数，提升 PSY 等指标；三是及时干预，减少猪非正常死亡，提升 MSY（每头母猪每年能提供的出栏肥猪数）等指标。

1. 进行精准营养与饲喂管理，降低料肉比

对猪关键指标数据进行分析，依据体重等信息制定合理的饲喂方案，精确预测猪出栏时间，能显著提升经济效益，但频繁测量猪体重、背膘不仅需要投入大量人力，而且会对猪带来严重的应激反应。小龙潜行科技智能测重、测膘系统采用基于人工智能的视频、图像分析技术，测量过程与猪完全无接触。在准确测量猪关键指标的基础上，利用大数据分析，自动制定科学饲喂方案，为猪场管理者提供决策支持，最终达到减少人员投入、提升猪场经济效益的目的。同时，生猪智能养殖系统还提供智能生物资产盘点系统，自动化盘点猪数量，使猪场管理者清晰掌握猪场资产，减少“跑、冒、滴、漏”现象的发生。

2. 降低非生产天数，提升 PSY 等指标

一方面可以依据母猪的背膘及体重、育肥猪的体重等指标制定科学的管理方案，提升母猪产仔率；另一方面通过智能查情、智能空怀检测等系统降低母猪非生产天数。

3. 及时干预，减少猪非正常死亡，提升 MSY 等指标

通过智能测重系统及时分栏，减少弱仔猪死亡率；通过声音监测系统，减少仔猪被压死亡率；通过猪行为、疾病分析系统，及时发现猪的争斗和主要疾病。通过智能环控系统为猪提供舒适环境。

生猪智能养殖系统以深度学习等先进的人工智能技术为支撑，深度结合实际应用场景，同时充分考虑中国养猪行业现状，对猪场改造要求少、实施环境要求低。同时生猪智能养殖系统相当于为猪场安装了一个智能大脑，不仅为养殖产业提供服务，还为饲料、屠宰、物流、销售等产业链提供高质量的数据服务，从而带动养猪行业整个产业链技术升级、效益提升。

4.2.3 智能养殖的投入产出测算方法

称重、测膘、生物资产盘点等是养猪企业的痛点需求。大部分猪场需要通过生物资产盘点提升管理水平。以一个年出栏 200 万头生猪养殖企业为例，每头猪晚出栏一天增加成本 8 元，通过体重监测做到精准饲喂、精准出栏，每年可增收 1 600 万元。一个存栏母猪 10 万头的母猪养殖企业，通过背膘、体重监测，PSY 的值增加 2，每年可多产仔猪 20 万头。生物资产盘点可以有效减少灰色环节，减少“跑、冒、滴、漏”，减少人力投入，提升经济效益。

如表 4-13 所示，对于一个年出栏 5 000 头的育肥猪场，实施生猪智能养殖系统需要一次性投入 20 万元，但 5 年内可节省成本 67.5 万元。

表 4-13　年出栏 5 000 头生猪的中型猪场经济效益产出分析

风险控制	生猪数量	出栏时间	单猪风险成本	可控风险
	5 000 头	避免延迟 1 天	8 元	4 万元/年
降低成本	生猪数量	料肉比	单猪节省成本	5 年节省
	5 000 头	降低 0.1	100×0.1×2.7=27 元	5 000 头×27 元×5 年=67.5 万元
一次性产品投入分析				
单次投入	并行生产批次	单批次投入	公共成本	投入成本合计
	2	5 万元	10 万元	20 万元

如表 4-14 所示，对于一个年出栏 300 万头的集团性育肥猪场，实施生猪智能养殖系统一次性投入 1 020 万元，当年即可节省成本 8 100 万元。

表 4-14　年出栏 300 万头生猪的大型育肥猪场的经济效益产出分析

风险控制	生猪数量	出栏时间	单猪风险成本	可控风险
	300 万头	避免延迟 1 天	8 元	2 400 万元/年
降低成本	生猪数量	料肉比	单猪节省成本	1 年节省
	300 万头	降低 0.1	100×0.1×2.7=27 元	300 万头×27 元×1 年=8 100 万元
一次性产品投入分析				
单次投入	并行生产批次	单批次投入	公共成本	投入合计
	100	10 万元	20 万元	1 020 万元

如表 4-15 所示，对于一个基础母猪 1 万头的猪场，实施生猪智能养殖系统一次性投入 1 020 万元，当年即可增效 570 万元。

表 4-15　1 万头大型母猪猪场的经济效益产出分析

千头母猪	母猪数量	PSY	饲料节省	年增效益
	10 000 头	上升 10%(约 2 头)	5%	
利润	1 万头(母猪)×2(PSY 增加)×200 元(单头仔猪利润)=400 万元			
小猪分摊成本	1 万头(母猪)×2(仔猪)×10 元(单头仔猪成本)=20 万元			
饲料	1 万头(母猪)×50(千克饲料)×3 元(饲料成本)=150 万元			
一次性产品投入分析				
单次投入	并行生产批次	单批次投入	公共成本	投入合计
	100	10 万元	20 万元	1 020 万元

4.2.4　智能养殖系统架构

如图 4-7 所示，智能养殖系统架构主要分为数据采集、决策、物联和执行四个部分：先是由数据采集部分进行数据的自动或人工抓取；对大量数据的统计与分析形成系统关键的决策部分，再由决策部分将指令传递到物联网设备，物联网设备根据指令自动执行。智能养殖系统在生猪行业全面推广，一是可以极大地提升猪场生产效率；二是能为产业链及金融保险行业提供大量的数据服务，产业链更健康地发展，就能更有效地对抗市场周期，消除行业波动；金融保险就能为生猪养殖行业提供更精准、更有针对性、更有力度的服务，从而将整个产业链节点之间的关系由弱链接变为强链接。同时系统也为科研院所提供准确的数据服务，有效提升相关机构研究成果的可信度；三是为政府职能部门提供更好的数据服务，以数据服务协助制定产业政策。

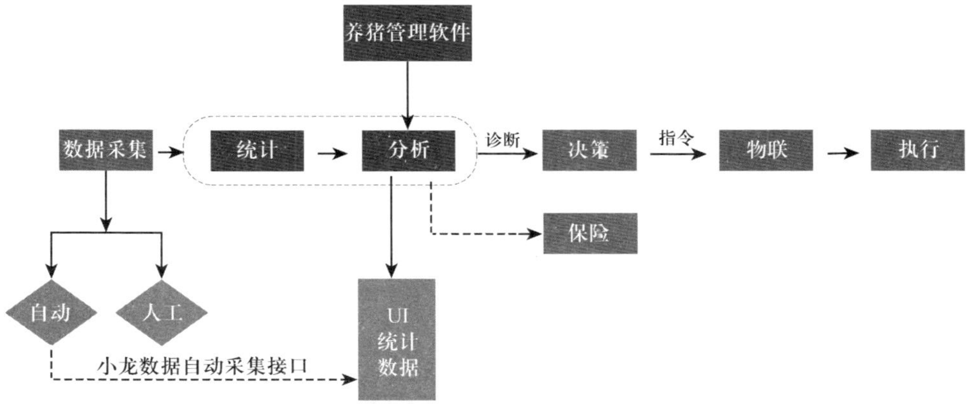

图 4-7　智能养殖系统架构图

4.2.5 当前的主要智能养殖技术

4.2.5.1 种猪智能养殖技术

种猪智能养殖技术覆盖每头母猪的后备母猪期、妊娠期、分娩期三个阶段。母猪全程使用电子耳标实现档案管理和生产记录的可追溯性，同时通过智能化设备实现对生产过程中的关键指标数据进行及时、准确地采集，实现三个阶段数据的完全互联，实现全过程的精准营养与精准管理。

1. 后备母猪智能化管理

(1) 体重及膘情监测 实现群养后备母猪培育期的精准管理，监测每头后备母猪每日体重增长及背膘变化，可绘制单只后备母猪的增重及背膘变化曲线，依据体重及背膘变化情况调用饲喂策略模块，给出后续饲喂建议。根据猪场后备母猪管理标准对日龄、体重及背膘达标的母猪给出配种期建议，便于管理者在母猪配种前1～2周内选择精准时间将符合标准的后备母猪转移至定位栏。

如图4-8所示，每头后备母猪均佩戴电子耳标。在水槽上方安装轨道及牧场"守望者"设备，按照设定策略在每个水槽上方停留一段时间。在水槽附近合适位置安装电子耳标读取装置，当有猪饮水时，电子耳标读取设备自动读取猪身份信息，牧场"守望者"拍摄猪三维图像，并计算该后备母猪体重及背膘，与电子耳标匹配后发送至云端。通过PC或移动终端可实时获取猪最新体重及背膘，并可随时获取猪增重及背膘变化曲线。

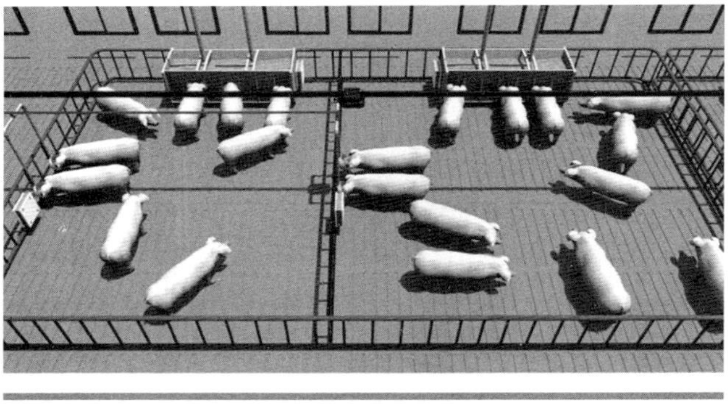

图4-8 后备母猪体重及膘情监测

(2) 生物资产监测 后备母猪是猪场重要的资产，数量存在动态变化。每日通过牧场"守望者"设备对后备母猪进行盘点，一方面便于猪场管理者掌握后备母猪生物资产数量及动态变化趋势；另一方面针对猪场绩效目标及后备母猪变化频率进行评估，对影响后续生产目标的状况进行预警。

如图 4-8 所示，每日牧场“守望者”按既定策略在轨道上进行滑动，在每个栏的上方进行短暂停留，拍摄整栏视频图像，传送至云端进行生物资产盘点。盘点结束后，云端系统自动统计猪场后备母猪数量，并绘制猪场后备母猪动态变化趋势图。

(3) 发情管理 发情管理对后备母猪全生产周期的生产性能发挥具有重要作用。在后备母猪 160 日龄以后，每日通过牧场“守望者”设备对后备母猪进行发情鉴定，能准确识别并记录其初情期、第二次和第三次发情的时间及持续时长，准确适时对其配种，发挥其最佳生产性能。

2. 妊娠母猪智能化管理

实现对限位栏妊娠母猪体重及背膘的日监测，并绘制每头妊娠母猪的增重及背膘变化曲线。据此调用饲喂策略模块进行饲喂调整，使母猪妊娠期始终保持健康状态，增加母猪繁殖效率与使用寿命，提高胎儿健康水平，提升后续健仔生产率。

如图 4-9 所示，每头妊娠母猪与所在限位栏号相对应，牧场“守望者”设备按照设定策略每天自动巡视，巡视一遍后，每头限位栏母猪的体重及背膘数据将上传至云端，用户可通过 PC 或移动端查阅当前体重及背膘，或浏览相应曲线变化。该场景需与“爱猪盒子”配套使用，每个限位栏悬挂二维码，当转栏结束时，只需扫描转入栏二维码及栏内母猪即可完成转栏操作，相应转栏数据将上传至云端系统，保证转栏等操作不影响妊娠期监测数据的完整性。

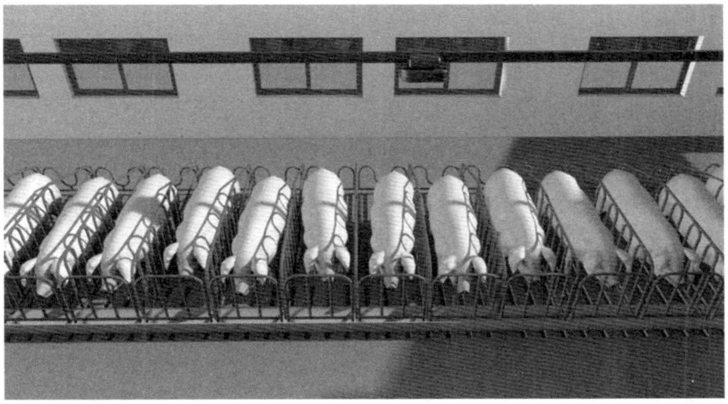

图 4-9 妊娠母猪体重及膘情监测

3. 分娩母猪及仔猪智能化管理

(1) 待产监测 通过行为监测，预估待产母猪生产时间，提醒管理人员及时介入。如图 4-10 所示，本系统使用固定式设备安装在每一个产床上方，通过视频分析判断猪生产时间。

(2) 产程监测 通过行为监测，自动记录开始生产时间，期间行为分析可以判断母猪生产状况，遇到难产或产程超过半小时等问题时，系统会自动通知管理人员

图 4-10　待产监测

及时进行干预。本系统采用固定式设备，与待产监测系统使用同一套设备。

(3) 哺乳及断奶母猪体重及膘情监测　对哺乳母猪的体重及背膘进行监测，绘制体重及背膘变化曲线，对断奶母猪的体重减少及掉膘情况进行测量，计算哺乳期间损失。调用饲喂策略模块及时调整饲喂方法，保证母猪下一个生产周期的最佳状态，延长母猪使用寿命。本系统使用牧场“守望者”，应用场景与图 4-10 类似，安装在产床或限位栏上方，对哺乳母猪使用固定式设备，对断奶母猪使用牧场“守望者”设备。

(4) 哺乳仔猪监测　在哺乳仔猪吸乳时对仔猪进行体重测量，从而估算出每个产床上的仔猪均重，并计算得出每个产床日均增重，评估仔猪生长状况及均匀度，对仔猪调栏提供决策依据，同时依据均匀度及均重进行断奶评估。如图 4-11 所示，使用固定式设备在仔猪吸乳时进行体重指标监测，并通过算法生成均重指标。

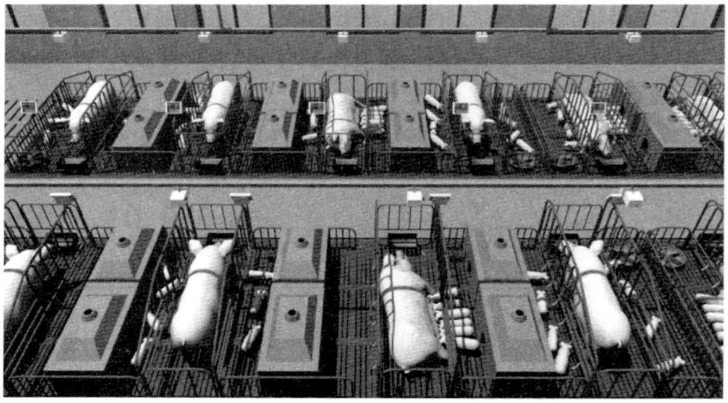

图 4-11　哺乳仔猪监测

(5) 哺乳仔猪生物资产监测　通过视频监测实时获取每一个产床上的仔猪数量，从而实时获取猪场哺乳仔猪数量，与后备母猪生物资产监测结合使用，而限位栏母猪数量可自动获取，三者共同构成综合生物资产管理。本系统与待产监测等系统具有相同的固定式设备，使用场景如图 4-11 所示。

4. 母猪公共智能化管理

（1）饲喂策略管理　对后备、妊娠、分娩母猪分别建立经典饲喂模型，模型依据体重及背膘等关键数据自动给出饲喂建议。初期模型依据传统理论建模，后续对大数据进行分析，逐步优化成经典饲喂模型。具备条件的企业可安装精细饲喂设备（包括电子饲喂站等），饲喂策略模块提供开放接口，可将饲喂建议传递给精细饲喂设备，并控制饲喂设备进行下料。也可根据饲喂建议，定期手工调整单个下料器的下料量。由于使用了电子耳标标识身份，管理工作可细化到单头母猪，实现对单头母猪的饲喂建议。

（2）体温监测　对后备、妊娠、分娩母猪体温进行监测，发现体温异常会及时预警，有利于疾病早日发现，并可作为发情鉴定的一个输入维度。通过电子耳标的读取，可以记录到个体母猪，绘制其日体温变化曲线图。栋舍使用牧场“守望者”或固定式设备进行体温监测。

（3）母猪淘汰评估　通过体重、背膘、长势、行为等参数对后备、经产母猪进行评估，做出是否淘汰的决策支撑。栋舍使用牧场“守望者”或固定式设备进行母猪淘汰评估。

（4）猪群用药量评估　将体重作为重要参数，对不同阶段的母猪用药量进行评估。栋舍使用牧场“守望者”或固定式设备进行猪群用药量评估。

（5）选种测重　在多批次选种过程中，将体重达标且增重良好的仔猪转为母猪。栋舍使用牧场“守望者”或固定式设备进行选种测重。

（6）仔猪售前评估　在售前对仔猪体重进行评估，为用户提供更健康的仔猪，对体重未达标的仔猪给出继续饲喂建议等。栋舍使用牧场“守望者”进行仔猪售前评估。

4.2.5.2　育肥猪智能养殖技术

从仔猪断奶后开始进行育肥猪智能管理，两点式育肥对保育舍与育肥舍进行全程智能化管理，一点式育肥则对育肥舍进行全程智能化管理。考虑育肥猪体量巨大，应采用性价比较高的可视耳标与智能养殖结合的方案，令所有育肥猪佩戴可视耳标。通过育肥猪智能养殖系统对料肉比、生长速度（日增重）和成活率等关键指标进行精细管理（二维码 4-3）。

二维码　4-3

1. 育肥猪体重及背膘监测

实现保育与育肥猪生长过程的精准管理，每头猪佩戴可视耳标，使管理工作细化到单头育肥猪，监测每头猪每日体重增长及背膘变化曲线，依据体重情况调用饲喂策略模块，给出后续饲喂建议。如果猪场拥有精细饲喂设备（如自动饲喂站），那么系统提供标准接口即可实现精准下料。依据背膘情况评价猪肉质状况，也满足保育转育肥阶段的体重评估要求，能够实时做出均匀度分析，对饲养水平做出评估。除监测育肥猪的生长速度外，该系统还可与采食监测系统结合，动态评估每头猪的料肉比。

如图 4-12、图 4-13 所示，该场景类似后备母猪体重及膘情监测。依据猪舍构造在食槽、饲喂器或水槽上方安装轨道及牧场“守望者”设备或固定式设备，云端系统可实时呈现育肥猪体重及背膘数据。

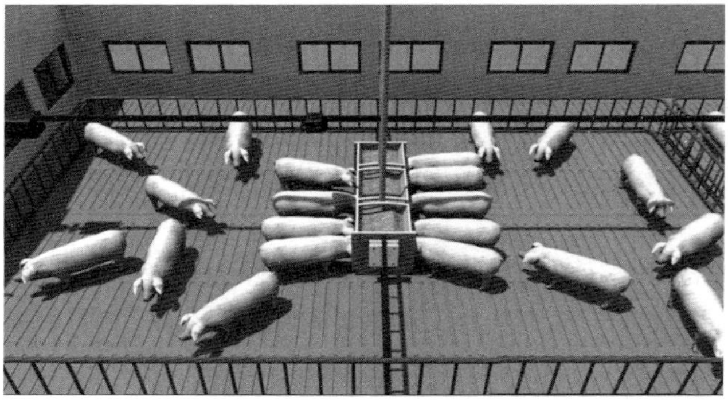

图 4-12　育肥猪体重及背膘监测(料槽饲喂)

图 4-13　育肥猪体重及背膘监测(饲喂器饲喂)

2. 育肥猪生物资产监测

猪场育肥猪数量每天都在变化，每日可通过“守望者”设备对育肥猪盘点，应用场景类似后备母猪生物资产监测，不同之处在于育肥猪单栏面积大于后备猪单栏面积。可以说针对大栏的生物资产盘点模型与后备猪模型的软件不同，但硬件设备相同。该系统除记录生物资产数量外，还可与调群及异动管理系统、售前测重及宰前定级管理系统等进行联动，详细记录猪异动情况，详细统计转群、售卖、死亡的具体数量。

3. 调群及异动管理

每天进行体重测量与记录，根据猪场管理办法与调群规则，对猪均匀度进行评价，超过调群规则设定的阈值，则预警管理人员对其进行调群，并依据调群规则，将应该调群的猪耳标号提供给管理人员。除调群外，对死亡猪可使用“爱猪盒子”进行简单记录，并最终统计育肥猪成活率。

4. 售前测重及宰前定级管理

根据猪场管理标准及客户的出栏要求等指标，在接近猪出栏要求的临近时间段进行预警，按照精细程度要求，可细化到不同体重对应不同的用户需求，实现精细化批次卖猪。同时在出栏前对每只猪标定屠宰等级。宰前定级数据还可提供给屠宰场。猪场可使用牧场“守望者”完成上述功能，使用场景类似育肥猪体重监测。在屠宰场可使用定制便携的可固定式设备完成宰前定级。售卖或屠宰前，可根据规模在猪场使用“守望者”或“爱猪盒子”记录售卖或屠宰的个体信息。

5. 育肥猪用药量评估

系统提供标准的体重区间与用药量映射关系，后台可根据猪场实际管理要求进行调整。在给育肥猪用药前，系统根据最近一次的体重测量给出每只猪的用药量，管理人员再根据耳标号给出不同药量。

6. 种猪生产性能评估

育肥猪从保育期间即佩戴耳标，档案记录该母猪的子代耳号，持续跟踪后代育肥猪生长性能、健康状况、死亡率等指标，从而对母猪育种性能进行评价，逐步形成祖代性能、个体性能、同胞繁殖系统评估等关键指标数据的可持续收集与评价。该模块使育种相关数据长期、大范围的采集成为可能，对育种产业有巨大的积极影响。

4.2.5.3　整体智能化管理技术

以下系统适用于种猪及育肥猪管理。

1. 立体环境监控

综合考虑栋舍构造、风机水帘位置、进气口位置、舍外环境、猪自身释放的热量等因素，建立温度、湿度、主要有害气体浓度的立体等高线模型，根据模型及猪舍对环境的要求自动启动设备，使猪场始终保持良好的环境，保证猪健康生长。

2. 采食及饮水量监测

结合耳标可实现对单头猪的采食及饮水量的监测，从而对猪健康状况进行评估，并可进行预警。

3. 主要疾病及异常行为监测

通过牧场“守望者”及声音监测设备采集猪争斗、跛脚等行为信息，咳嗽等异常声音，送至云端进行实时分析，可准确判断猪的主要疾病，并通知管理人员及时干预。

4. 可信食品追溯

通过生猪智能养殖系统采集日常关键指标数据，通过电子耳标及可视耳标实现个体追踪，通过区块链技术实现数据的不可篡改性，率先实现养殖链条的可信食品追溯机制。

5. 其他

与 FeedSaaS 等饲料配方软件融合，实现精细饲料配方管理，同时可结合新型饲喂设备，根据体重精准下料，实现真正的科学精准饲喂。猪场宜与优秀的育种公司深度合作，打通育种与养殖环节的通道。

4.2.6 智能养殖落地实施策略

每个养猪企业乃至猪场情况不同，要为其提供符合企业自身现状及未来发展、切实可行的落地智能化解决方案，就要通过个性化诊断、模块化实施、针对性评估、大规模推广及持续优化五个步骤推进生猪智能养殖系统的全面实施。

图 4-14 个性化诊断定制农场(customized farm,CF)体系

1. 个性化诊断阶段

如图 4-14 所示，在本阶段，根据用户养殖模式的不同，为客户选择不同的系统功能模块；根据用户养殖母猪品系的不同，为用户定制特定品系的体重及背膘等计算模型；根据用户猪场栋舍构造的不同，为用户定制符合其应用场景的系统实施方案，根据其个性化管理标准，为用户选择符合其实际生产的决策支持及应用系统。

2. 模块化实施阶段

本阶段主要的工作是在客户的猪场建立如图 4-15 和图 4-16 所示的限位栏及群养栏进行数据采集，主要包括体重及背膘等关键指标采集设备及图像视频采集设备，采集日常数据用于通用模型迭代。本阶段完成后将为用户提供符合用户精度要求及实际场景需求的相应功能模块。

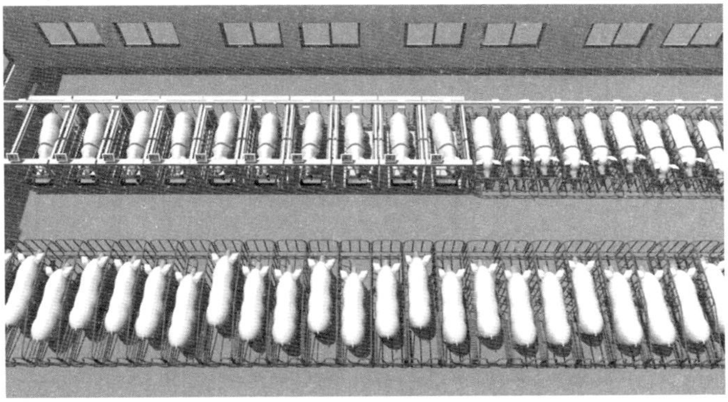

图 4-15 限位栏模型数据采集定制化

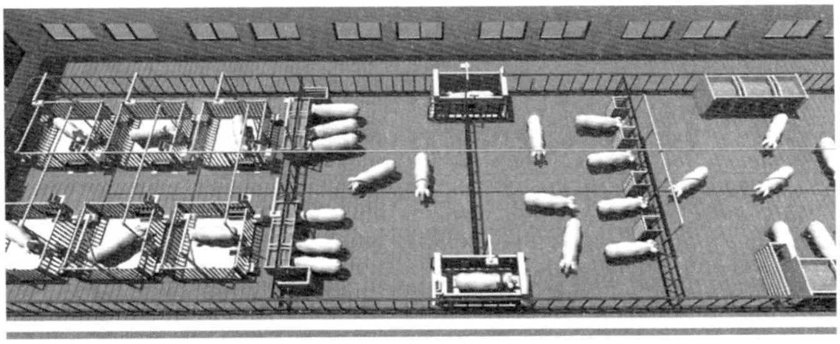

图 4-16 群养栏模型数据采集定制化

3. 针对性评估阶段

如图 4-17 所示,本阶段智能养殖方案提供者将与用户共同对模型准确性、场景适应性、投入价值等一系列指标进行评估。评估通过,则共同进行预算编制及后续规模化推广计划编写,共同推进客户猪场的生猪智能养殖方案的全面落地。

4. 大规模推广阶段

针对性评估结束后,方案提供者将与客户共同推动生猪智能养殖系统在客户猪场的全面推广。

5. 持续优化阶段

根据客户育种优化、营养优化、健康优化等综合管理规划提供定制化设备,持续维护、优化客户猪场智能化系统的性能。

4.2.7 智能养殖重要支撑设施

生猪智能养殖系统对养殖过程的关键指标数据进行采集与分析,并提供强大的决策支持,需要对大量的视频、图像、声音及传感器数据进行传输、计算与处理。

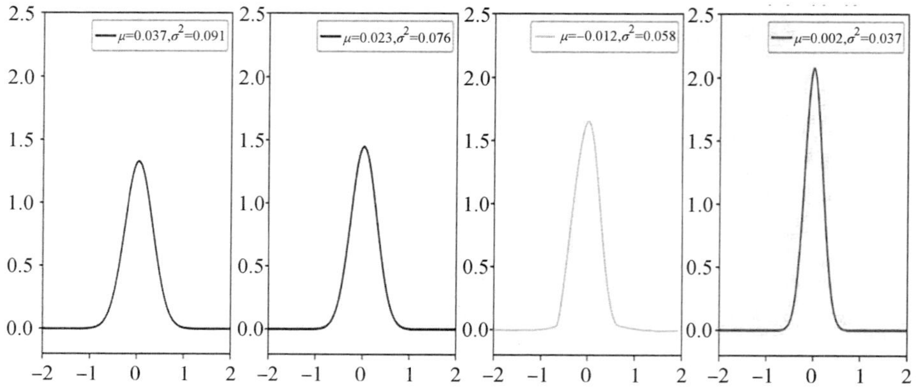

图 4-17 智能养猪方案模型评估

同时养殖数据是企业高度核心数据，是保持企业个性化优势的重要支撑，因此高并发、高吞吐、低时延的传输，高性能的计算与存储设施，高安全性与稳定性的云计算平台是系统高效运行必不可少的。

1. 5G 传输的支撑

运营商可为生猪智能养殖系统提供定制化 5G 服务，为客户的猪场定制化安装大宽带、低延时的 5G 设备，为用户提供更灵活的数据传输服务。

2. 互联网数据中心的支撑

互联网数据中心(internet data center，IDC)业务面向互联网和政企客户，提供安全、可靠的数据中心托管服务，高速的 Internet 接入等基础服务，以及网络安全、运行维护、应用辅助和综合配套等增值服务，可为全国范围内的企业用户提供优质的数据中心服务。

3. 云计算平台的支撑

基于优质的云数据中心资源，采用多种网络接入模式，通过数字化运营管理，面向客户提供基础资源、平台能力、软件应用等服务，从网络、应用、主机、安全管理等多个层面提供安全解决方案。在保证数据安全的前提下，为客户提供良好的云平台服务。

4.2.8 智能养殖领域的优秀企业与案例分享

北京小龙潜行科技有限公司(简称“小龙潜行”)成立于 2018 年 3 月，是农牧行业领先的生猪智能养殖一线生产数据实时、精准采集及分析的专业服务商。公司倡导“非接触、零应激”式的 AI 养猪模式，致力于基于智能技术的生猪智能养殖系统的研发与推广，在业内率先完整提出智能养殖综合解决方案并实现落地应用。

小龙潜行在人工智能、机器学习、图像及视频识别、声音识别、智能终端、云服务等方面为畜牧养殖企业提供了具有竞争力、安全可靠的产品、解决方案与服务。以下是小龙潜行研发的若干优秀智能养殖产品。

1. 牧场“守望者”简介

牧场“守望者”是一款应用于猪场现场的智能化设备，用于系统化采集猪体重、背膘、生物资产数量等关键指标数据。该设备安装于猪场上方：先安装“工”字形轨道，之后将无线充电仓及轨道巡视机器人安装到滑轨上，轨道巡视机器人自身有动力装置及电池，可按照云平台策略每日定时启动，并沿着轨道进行滑动，其上的深度摄像头可用于猪体重及背膘的测量，广角摄像头可用于生物资产盘点及发情鉴定等，采集到的数据可实时上传至云平台，并最终在用户终端呈现(图 4-18)。

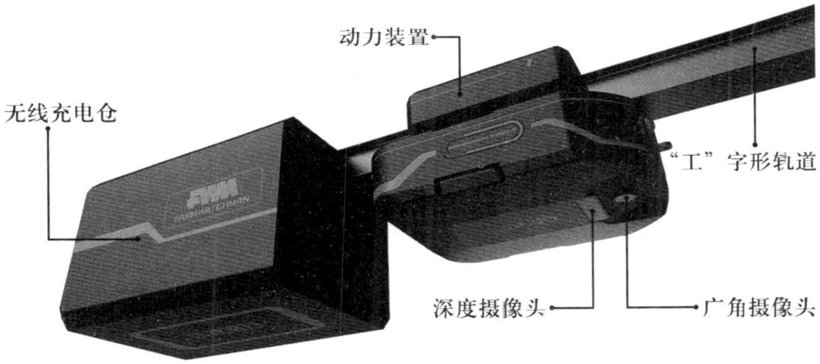

图 4-18　牧场“守望者”

2. CF 设备简介

CF 设备一方面完成对客户猪场的定制化工程，在通用模型的基础上，为集团猪场或中等联合体提供符合其现状及未来发展的关键指标数据采集及分析系统；另一方面为客户提供人工智能持续优化能力。

图 4-19 为群养栏单体数据采集设备，主要用于采集群养栏猪的多姿态图像及体重数据。图 4-20 展示限位栏及群养栏过道多猪图像及体重数据采集设备。图 4-21 为整体定制化数据采集设备集成。上述定制化设备从多角度采集猪的图像与关键指标数据进行关联，获取该部分数据就获得了关键指标数据非接触获取的重要资料，使养猪企业实现关键 AI 能力的持续提升。

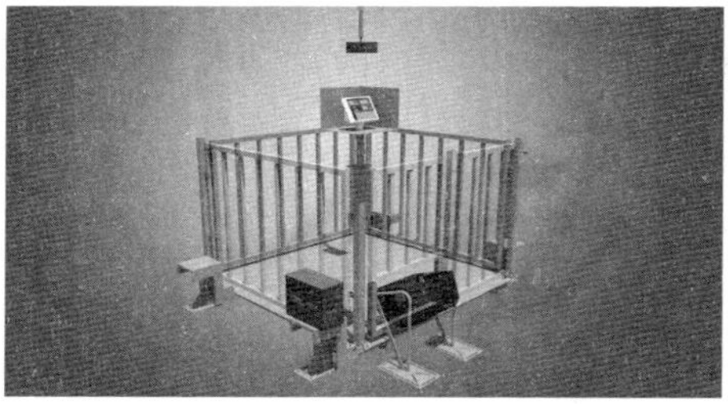

图 4-19 群养栏单体数据采集设备

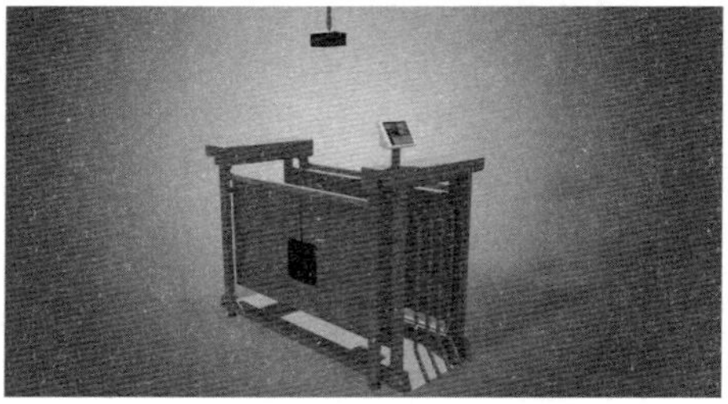

图 4-20 限位栏及群养栏过道多猪数据采集设备

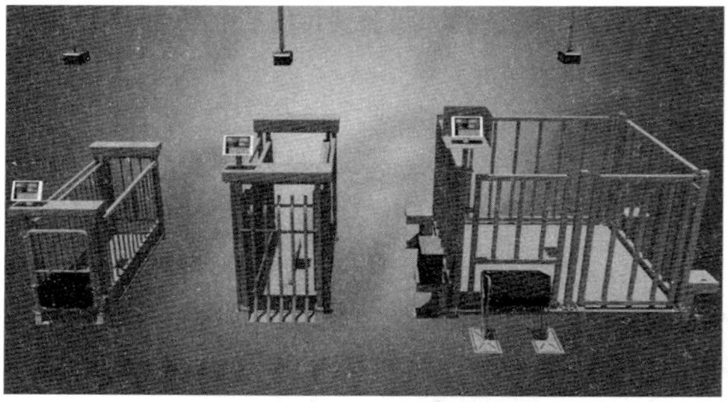

图 4-21 整体定制化数据采集设备集成

4.3 RFID 生猪养殖信息化管理系统

4.3.1 RFID 技术概念

RFID 是 Radio Frequency Identification 的缩写，意为无线射频识别，俗称电子标签。RFID 技术即无线射频识别技术，是一种非接触式的自动识别技术，通过射频信号识别目标对象并且读写其关联数据，而不需要在识别系统与目标对象之间建立任何接触。它可以识别运动中的物体，也可以同时识别多个目标。

4.3.2 RFID 系统基本组成与工作原理

通常情况下，一个基本的 RFID 系统由标签、天线和读写器三个部分组成（图 4-22）。

标签：由耦合元件和存储控制芯片构成，存储唯一识别目标的电子编码，并采用电感耦合、电磁逆散射原理与阅读器通信。

天线：向标签发送射频信号和接收从标签返回的射频信号。

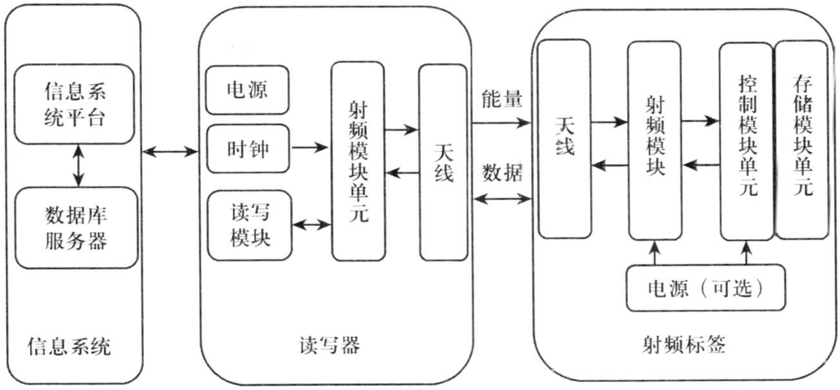

图 4-22 RFID 系统组成结构图

读写器：标签的读写设备，它通过天线向标签发送射频信号，并接收从标签返回的射频信号，处理后传送给信息系统。

RFID 系统的工作原理：读写器由天线发出射频信号，标签接收到该信号后，内置的元件因电磁感应产生感应电流而获得能量，然后把存储在芯片里的数据信息通过内置天线向外发送；天线收到标签的信号，由天线调制器传给读写器，读写器对信号读取信息并解码后，传给上层控制计算机，并控制计算机，进行相关的数据处理和控制(图 4-23)。

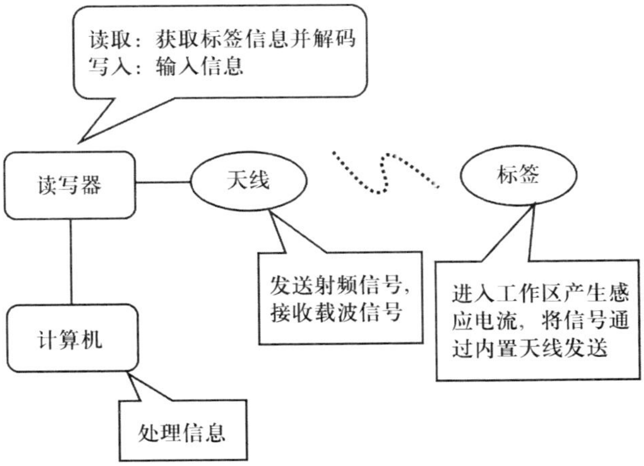

图 4-23 RFID 系统的工作原理

4.3.3 RFID 的类别

根据不同标准，RFID 标签的分类如表 4-16 所示。

表 4-16 RFID 标签的分类情况

标准	分类	特点
存储设备类型	可读写标签	能擦写多次
	一次写入多次读出标签	可以多次读取数据,但只能写入一次
	只读标签	可以读取数据,不可以写入数据
供电情况	有源标签	内置电池,用于信号发射与接收,传输距离长
	无源标签	没有电池,用于存储信息,使用寿命比较长
	半有源标签	内置电池,不主动作为射频发射的能量,被唤醒时,才提供需要的能量
工作频率	低频标签	30～300 kHz 频段使用,节能、便宜
	高频标签	3～30 MHz 频段使用,读写范围在 1 m 之内
	超高频标签	300～968 MHz 频段使用,识读距离较长
	微波标签	工作和阅读距离一般大于 1 m
工作方式	主动式标签	用自身的能量主动发送数据给读写器
	被动式标签	在接收到射频信号后才开始工作,不会造成它们之间的冲突干扰

4.3.4 RFID 的应用

因为无线射频识别技术有着非常突出的优势,所以其在许多领域拥有非常广泛的应用。典型应用包括在交通运输领域用于自动停车场收费、车辆管理、车辆定位和防盗;在物流领域用于货物追踪、仓库管理、集装箱与包裹管理、自动化生产、食品保鲜和追溯;在农业领域用于果蔬的跟踪追溯、农产品的管理、供应链的管理;在医疗行业用于医疗器械管理、病人看护;在教育领域用于图书管理、固定资产管理、校园一卡通管理。

4.3.5 RFID 生猪养殖信息化管理系统

生猪养殖会经历配种、妊娠、待产、仔猪、商品猪等不同的阶段。仔猪出栏后将佩戴具有唯一标识码的电子耳标(关联父母代信息)。在养殖过程中,养殖人员通过手持读写器将母猪、仔猪和成品猪的饲料信息、防疫信息、用药信息、检疫信息等写入电子耳标,并通过无线网络传送到养殖信息采集系统。当生猪出栏运往屠宰场时,工作人员用读写器将肉猪的出栏批号和目的地等出栏信息写进电子耳标,并传送到养殖信息采集系统。具体流程如下。

1. 生产物料管理

物料(主要是原材料)信息在系统进行登记,操作员通过软件将物料名称、成分、购买时间、进货厂家等信息录入到养殖管理系统，建立整个管理系统的物料源数据。

2. 投喂品管理

操作同生产物料管理，将投喂品信息在信息系统中登记备案，建立投喂品源数据。

3. 生猪入栏管理

生猪入栏时操作员在系统中录入生猪的来源、品系、三证情况、入栏时间、所属养殖场、圈舍编号等信息，同时通过二维码读写器生成电子耳标唯一标识号，完成生猪电子档案的建立。

4. 日常养殖管理

整个养殖数据的采集是通过手持机实现的，采集的数据包括喂养、防疫消毒、治疗、死亡等。

5. 生猪出栏管理

系统通过扫描圈标卡，对整圈要出栏生猪的出栏信息进行采集，并生成出栏批次。

6. 数据上传

养殖过程中采集的数据被存储于手持机中，手持机与养殖场管理系统通过无线方式完成数据传输。养殖管理系统产生的业务数据通过互联网自动上传至管理中心。

RFID生猪养殖信息化管理系统作为一个单独系统，可以规范企业养殖生产作业流程，从源头把控，在关键环节实现系统自动采集数据的目的，为企业建立全程生产电子档案，降低纯手工记录导致的差、误、漏等可规避问题的发生率，为企业生产走向、成本核算提供有效数据支撑；预先设置猪的各阶段生长周期值，到期系统自动提醒，起到监督和协助员工的作用，使作业流程连续、有时效；管理生产投喂品，建立疫病防疫记录，关键点操作责任到人，提升员工责任意识，逐步实现业绩与工资有效关联。随着我国农产品溯源系统的日益完善，该系统将作为猪肉溯源系统中的一个环节，实现生猪饲养和免疫的全程信息跟踪与追溯，从源头杜绝生猪质量安全问题，提高企业的产品质量和商业信誉，服务于我国的食品健康安全事业。

4.4 Zigbee智能养猪生态控制系统

4.4.1 Zigbee简介

Zigbee是基于IEEE802.15.4标准的低功耗个域网协议，可工作在3个工作频带:2.4 GHz、915 MHz和868 MHz。该协议所规定的技术是一种短距离和低功耗的无线通信技术。Zigbee一词来源于蜜蜂的“8”字舞,因为蜜蜂(bee)靠飞翔和“嗡嗡”(zig)地抖动翅膀来向同伴传递花粉所在位置,即用这种方式构成了“无线”通信网络,所以人们借用过来作为一种近距离无线通信技术的专业词汇。Zigbee技术是一种新兴的近距离、低功耗、低成本、低速率、高可靠性、组网灵活的双向无线通信技术,由于网络容量大、时延短、数据安全性较高,被广泛应用于多个领域。

4.4.2 Zigbee智能养猪生态控制系统

4.4.2.1 智能猪舍环境监测系统构架

该智能猪舍环境监测系统以Zigbee技术为核心基础,运用Zigbee技术组成短距离无线传感器网络,这个系统使用的Zigbee设备是基于xbee模块设计并研发的传感器设备,在需要的猪舍内安装此传感器设备,采集猪舍内的温湿度、光照和氨气浓度参数,以无线的方式发送到网络协调器Connectport X2上。系统的整体构架如图4-24所示。

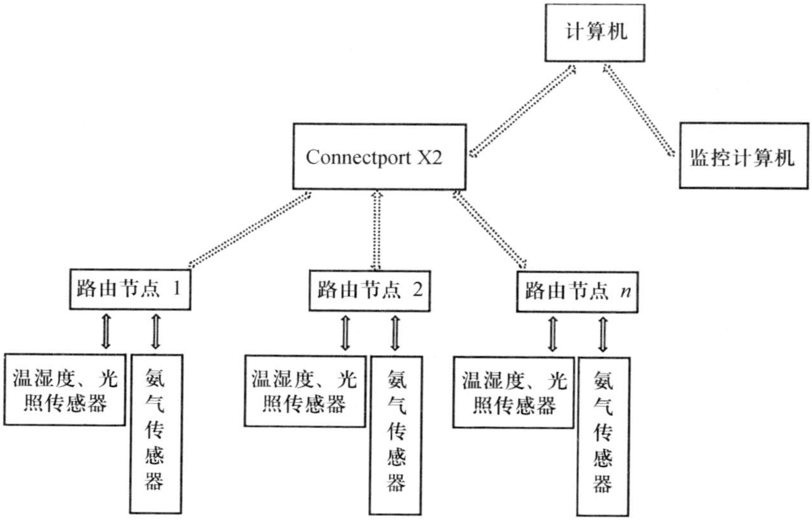

图4-24 系统结构

由图可见,系统中传感器的节点主要负责数据的采集,这个系统中使用的是xbee模块,每个节点配置成Router模式,当监测范围较大时,可通过增加路由器节点扩大网络的覆盖范围;Connectport X2主要负责网络的建立、节点的管理、数据的处理,以及接入Internet实现与监控计算机的相连。整个无线传感网络采用

mesh 组网方式。每个节点采集的数据无线传输到 Connectport X2，再接入 Internet 网络中，实现实时监控。

4.4.2.2 系统功能定义

① 监控计算机：实时显示各个猪舍内温湿度、光照和氨气浓度。

② Connectport X2：组建 Zigbee 网络，实现网络中协调器的功能，接受各个猪舍传感器模块发来的数据，并实现与 Internet 的链接。

③ 路由节点：系统中使用 Digi 公司出品的 xbee 模块来发送数据。配置的时候统一设置为 router/end device 使能。xbee 模块组网方便、使用简单、信号稳定、传输距离远、成本低，非常适合低速率网络传输的要求。

④ 传感器：实时采集猪舍内温湿度、光照以及氨气的浓度参数，并通过调理电路与 xbee 模块相连接，传输采集的参数。

4.4.2.3 系统设计

系统设计坚持模块化原则，每个传感器之间相互独立，如在有新的传感设备终端加入或由于意外情况掉电后仍可保持系统的稳定。传感器设备终端采用 220 V 供电，适合长期不间断使用，稳定性较强。Connectport X2 使用方便，与 Internet 网络连接简单，安装简易。

① 硬件方面：采用由武汉麦希力德科技有限公司基于 xbee 模块自主研发和生产的无线传感设备终端，产品功能强大，有 R232、USB、485 等多种接口选择，兼容性强，适合长期稳定使用。

② 软件方面：基于 Connectport X2 中的 Python 编译程序，实现模块与 Connectport X2 之间的数据传输。

4.5 发情鉴定系统

发情鉴定应用在断奶母猪限位栏区域，返情鉴定应用在配种初期 20 d 左右限位栏区域。

如图 4-25 所示，在断奶母猪区域上方安装固定式摄像头，每个摄像头覆盖 1～3 头断奶母猪限位栏，每天使用公猪或诱情剂对断奶母猪进行刺激，并通过摄像头观测。对发情母猪进行鉴别并通过 PC 端或移动端通知管理人员，也可在每个断奶母猪限位栏合适位置安装指示灯，发情母猪限位栏的指示灯会自动点亮。返情鉴定使用牧场“守望者”设备结合公猪或诱情剂进行操作，可快速识别返情母猪。

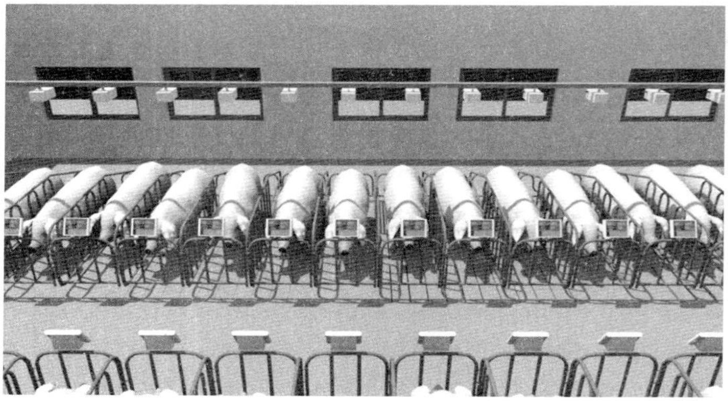

图 4-25　发情鉴定系统

思考题

1. 生物安全智能化管理主要针对的是哪个环节?
2. 生物安全智能化管理的场景和算法都有哪些?
3. 生物安全智能化管理的人机结合方式及流程是什么?
4. 智能养殖能够解决哪些行业问题?
5. 妊娠母猪智能化养殖主要采集和分析哪些数据?

第5章

数字化与精细化评估

【本章提要】本章主要内容包括猪场精准饲喂、盘点、环境控制和数字化的概念和起源、国内外数字化与精细化评估的现状和发展，较详细地阐述了精准通风、精准投料、精准采光、精准盘点、精准体温监测和数字化管理方案的概念和发展情况。

5.1 精准通风

伴随着养猪产业规模化、集约化发展，猪舍内猪群密度越来越大，猪舍内空气质量恶化严重，特别是在北方地区的冬季。由于北方地区室外温度较低，猪舍为了保温不能经常通风换气，造成舍内氨气、二氧化碳、甲烷、硫化氢等有害气体浓度较高，湿度较大，有害微生物滋生，往往使猪群患上红眼病、皮肤病等疫病，严重影响猪群健康状态与日增重等重要生产指标。因此精准通风成为猪群健康管理、环境控制、节能保温等的重要手段。

5.1.1 原理

精准通风的原理是利用在猪舍内设置的空气传感器监测舍内氨气、二氧化碳、温度、湿度，并将监测数据传输到中央控制电脑，经过中央控制电脑的计算与分析，指示猪舍的通风系统进行工作，在保障舍内热量损失较小的情况下实现舍内空气质量的优化。

5.1.2 设备

精准通风设备包括空气传感器、数据线或 NB-IoT、WiFi 和 5G 无线网络，电脑和显示器，送排风机，加热补偿器，湿帘降温器，控制开关等。

5.1.3 方案

由于一年四季气候条件差异较大，因此猪舍应针对不同的季节采取不同的精准通风方案。

5.1.3.1 冬季精准通风方案

冬季为了保障猪舍内达到猪生长的舒适温度，猪舍长期密闭，舍内氨气、二氧化碳等有害气体和湿度严重超标。而外界气温较低，如果将室外空气直接送入猪舍内，势必对猪的健康造成影响。为了解决保暖和通风的矛盾，需要对进风和排风进行设计，保证进入舍内的外界冷空气得到升温，并有效排出室内有害气体和尽量减少热量损失。冬季精准通风方案是利用风机将室外空气先送入地下通风道，使室外空气升温，再让其通过加热补偿器得到二次升温后进入猪舍上方的送风带，从猪舍上方进入。排风则是利用负压风机通过漏缝地板或粪槽将猪舍下层的污浊气体抽到舍外。空气传感器一般设置在猪舍中央通道处，设置高度与猪群的口鼻高度位置相当。空气传感器通过对舍内氨气、二氧化碳、温度、湿度感知，经中央控制电脑控制进、排风机的运转速率和运转时间，实现精准通风。猪舍也可以用进风机直接将空气通过加热补偿器后送到猪舍顶部的通风带再送入猪舍，或是利用猪舍顶檐下的进气管将室外空气送到猪舍上方，在进气管下方设置隔板，利用隔板将新鲜空气加热并从接近墙壁的缝隙导入猪舍。

5.1.3.2 夏季精准通风方案

由于夏季气压较低，猪舍内外无法形成气压差进行空气自然交换，而且室外空气温度较高，夏季精准通风也需要对进风和排风进行设计，以便猪舍内空气得到有效更换并对猪舍进行降温。进风可以利用进风机将室外空气先送到地下通风道内进行降温，然后再利用湿量降温器对空气进行二次降温再送入猪舍；而在猪舍的另一端使用负压排风机向外纵向排风，使污浊空气排到室外、新鲜空气进入舍内。应根据猪舍纵向跨度选择功率足够的可调节风速的负压排风机，为使猪群获得较舒适的生长环境，猪舍内的送排风速以 1 m/s 为宜。也可以利用进风机将室外空气通过湿帘降温后直接送入猪舍内，但是这种进风由于只进行了一次降温，降温效果没有二次降温好，但可解决猪舍内风速较低、排风不良的问题。空气传感器的设置与冬季精准通风的设置相同，当传感器监测到舍内氨气、二氧化碳、温度、湿度超过理想范围时，通过中央控制电脑的计算，控制进、排风机的运转速率和运转时间来进行精准通风，起到改善空气质量、排湿和降温的作用。

5.1.3.3 春、秋季精准通风方案

春、秋季节气温适宜，猪舍内外温差较小，非常适合自然通风，中央控制电脑可

通过控制门窗开合或地下通风道进气口与出气口的开合方式进行通风。当传感器检测到氨气、二氧化碳超标，或温度超出猪群舒适范围，门窗与进出气口的开合不能有效控制空气交换或温度时，中央控制电脑可指示进、排风机，加热补偿器，湿帘等进行调节。

5.2 精准投料

二维码 5-1

二维码 5-2

精准投料是将猪个体置于一个不受外界干扰的封闭的饲喂环境中，通过电子耳标或猪脸识别系统对其识别，然后中央控制系统对猪个体数据及生长曲线分析，判断猪个体的采食量，通过绞龙投送干料或管道投送液态料进行饲喂，达到既能满足猪个体生长需要又不浪费饲料的目的。精准投料由猪智能个体识别系统、投料系统、中央控制系统等组成，通过建立猪个体数字化档案、绘制生长曲线、预判饲料需要量，进行精准投料(二维码 5-1、二维码 5-2)。

5.2.1 智能个体识别系统

智能个体识别系统由饲喂通道、电子耳标识别器或猪脸识别摄像头、智能称重或智能体重判断系统组成。当猪进入饲喂通道后，饲喂通道后端闸门自动关闭；通过通道中的电子耳标识别器，或通道前方设置的摄像头对猪进行识别；然后饲喂通道下方设置的智能称重器对猪进行称重，或通过通道上方的摄像头对猪拍照并与数据库数据比对，判断出猪的体重，并将猪体重数据回传到中央控制系统，完成智能个体识别过程。

5.2.2 投料系统

在猪继续前行到饲喂通道前方旋转门时，中央控制电脑指令旋转门将猪引导到单独的饲喂空位，根据猪个体数字档案分析预判猪本次饲喂需要的饲料量，中央控制电脑指令干料或液态料投料系统打开投料管开关向食槽投料。投料前，中央控制系统根据饲喂猪群的生长曲线，预判需要投送饲料的总量，并从饲料原料储存塔中将各种原料通过绞龙或管道调送到搅拌罐中混匀后，再通过绞龙或管道将饲料输送到饲喂区，并根据每头猪的生长曲线，按照中央控制电脑指令投放所需饲料量。

5.2.3 中央控制系统

中央控制系统由耳标识别器、摄像头、中央控制电脑等组成。中央控制系统根据猪电子耳标信息或猪脸信息建立猪个体信息数字档案，包括遗传、日龄、体重、采食量、健康、疫苗接种等信息。中央控制系统通过猪群饲喂管理软件，根据猪个体信息，判定猪生长所需营养成分及所需量，指令饲料原料库自动提取饲料原料，搅拌混匀后进行精准投料。

5.3 精准采光

养猪生产中，养殖企业往往非常重视猪舍温度和通风，但往往忽视猪舍的采光。实际上猪舍采光对猪的健康生长也十分重要，适度的光照强度和光照时间可提高猪的采食量、生长速度、饲料转化率及仔猪成活率等，并能减少疾病发生、保障猪健康生长。过强、过低的光照强度或过长、过短的光照时间都会降低猪的采食量和生长速度，影响猪的健康状态。有研究显示，相对于 10 h 光照时间，12 h、14 h、16 h 光照时间的猪日增重最高。其他研究也证明，适当延长断奶后至 10 周龄内仔猪的光照时间，可以显著增加仔猪的日增重。蒋建明等在光强度 50～100 lx、时长 12 h 的自然光照条件下，给断奶仔猪人工补充 75 lx 的光照并延长光照时间到 18 h，仔猪死亡率下降了 2.7%～4.9%，日增重提高了 7.5%～9.6%。彭癸友利用高 2 m、强度 2 W/m^2 的日光灯对荣昌母猪进行试验，每天光照 16 h 的二胎母猪的泌乳量比对照组增加了 550～650 g。这些都说明适当延长光照时间及增加光照强度有利于提高仔猪活仔率及其日增重等。

5.3.1 原理

精准采光是利用光照感知系统对猪舍内光照强度、光照时间进行精准检测，利用传输系统将监测到的信息传输到中央控制系统，中央控制系统经过计算，将指令传输到猪舍的采光系统，并针对不同猪群进补光操作。

5.3.2 设备

精准采光设备包括光照传感器，数据线或 NB-IOT、WiFi 和 5G 无线网络，电脑和显示器，荧光灯或 LED 灯，控制开关等。

5.3.3 范围

不同猪群对采光的要求不同，因此根据猪群的生理需求采取不同采光强度和采光时间非常重要。高岩通过整理国内外资料，发现美国农业生物工程学会建议的标准：猪舍采光范围是配种舍或后备舍的光照强度大于 100 lx，光照时间 14～16 h/d；妊娠舍的光照强度大于 50 lx，光照时间 14～16 h/d；分娩舍的光照强度

50～100 lx，光照时间 8 h/d；保育舍的光照强度 50 lx，光照时间 8 h/d；育肥舍的光照强度 50 lx，光照时间 8 h/d 。加拿大服务计划中心建议的猪舍采光范围是配种舍的光照强度 108～161 lx，光照时间 14～16 h/d；妊娠舍的光照强度大于 54 lx，光照时间 14～16 h/d；分娩舍的光照强度 108～161 lx，光照时间 8 h/d；保育舍的光照强度 54～108 lx，光照时间 8 h/d；育肥舍的光照强度 54 lx，光照时间 8 h/d。美国内布拉斯加大学林肯分校的 Donald 博士和美国爱荷华州立大学的 Jay 博士建议的猪舍采光范围是后备舍的光照强度 270～300 lx，光照时间 10～12 h/d；配种妊娠舍的光照强度 150～200 lx，光照时间 10～12 h/d；分娩舍的光照强度 200 lx，光照时间 8～10 h/d。高岩建议后备舍的光照强度 270～300 lx，光照时间 10～12 h/d；配种舍 150～200 lx，光照时间 10～12 h/d；妊娠舍的光照强度 50～100 lx，光照时间 8～10 h/d；分娩舍的光照强度 50～100 lx，光照时间 8～10 h/d；保育舍的光照强度 50 lx，光照时间 8 h/d；育肥舍的光照强度 50 lx，光照时间 8 h/d。

中国地域辽阔，各地气候条件差别较大，猪舍精准采光需要根据各地的实际气候条件、各季节的光照强度和光照时长，制定符合猪群繁殖、生长等生理需求的精准采光数据库，实现对猪舍采光的精准控制。

5.3.4　注意事项

建设猪舍前要进行合理规划与设计，一般南北朝向为宜，也要参考当地风向因素适当调整。猪舍窗户大小和高度要合理，既要保障自然光能最大限度地进入猪舍，又要达到冬季防寒保暖的要求。精准采光时应先根据当地日照强度、时长等建立猪舍内自然采光数据库，再根据数据库的数据制定精准采光的控制程序，并按实际光照强度和时长进行微调，达到满足猪群精准采光的要求。灯具以选择节能性荧光灯或 LED 等为宜，灯具应配防水、防尘、防腐灯罩，并保持灯具与灯罩表面清洁；灯具密度应根据猪舍实际长、宽、高，灯具功率，猪舍需要的光照强度等，计算灯具的安装密度。灯具可采用吸顶灯方式安装。对于限位栏中的母猪，灯具应安装在母猪头部上方为宜。

5.4　精准盘点

现代化的生猪养殖业，以数据为基础，通过对养猪场数据、成本数据进行收集、分析、运用，科学指导猪场生产管理。生猪存栏量与重量是养猪场的核心数据，其准确性与及时性有助于猪场生产经营决策，现实意义重大（二维码 5-3）。人工盘点耗时

二维码　5-3

耗力，不仅效率低，还会引起猪不必要的应激反应，造成很大的经济损失。

5.4.1 研究进展

2000 年年初，动物电子耳标出现，大型养殖场通过电子耳标掌握猪的信息，实现对猪计数。在一定范围内，读取到的电子耳标数量即为猪的数量，但该方法受距离影响较大，并且耳标容易脱落，计数结果稳定性较差，成本相对较高，大范围应用较难。近年来，随着人工智能技术的快速发展，基于图像和视频的智能计数方式也开始应用于生猪养殖中，实现了猪场的精准盘点。张天昊等利用光学方法确定生猪的典型颜色特征，结合形态学算法和区域生长法进行目标数量的统计。梁炎森等利用基于纹理特征的滤波方法实现了远程视频对养殖场生猪的图像识别计数，但系统的平均识别率只有 85%。为提高识别精度，人流量统计模型逐渐迁移到畜牧业领域中。基于图像和视频的人流量统计方法主要有递归模型和图像实例分割。韩书庆等通过分水岭分割算法处理黏连猪体图像，并根据检测得到的边界脊线，实现了黏连猪体的分离。

5.4.2 生产应用

传统的称重方式是出栏时将猪赶到地磅上进行称重，或出栏时分批称重结算，这种称重方式费时费力，容易造成猪群应激。在实际生产管理过程中，猪场管理者常常只凭借肉眼判断猪生长情况和体重，预估其是否达到出栏体重，以及确定出栏时间，饲养方式粗放，饲料浪费、存栏猪生长不均等现象时有发生，给猪场造成很大的经济损失。猪场精准盘点系统很好地解决了以上这些问题，对猪进行科学盘点与估重，通过数据支撑，助力猪场经营决策，能极大地提高猪场的生产效率。

猪场精准盘点系统是由摄影仪、交换机、硬盘录像机、智慧引擎运算服务器和手机 App 软件组成，系统通过安装在猪舍栏位上方的摄影仪实时采集猪影像，利用光纤传输到硬盘录像机并上传至运算服务器，服务器对接收到的影像进行智能分析和处理。通过摄影仪将每个栏位的猪影像实时上传到后台智慧运算服务器，采用智能估重算法，对数据进行内容分析和数据对照，结合 AI 摄像机采集的猪影像，智能化分析猪的平均体长、体宽，根据猪的体重密度预估其平均体重，准确率高达 95%。用户可以在手机 App 上随时随地查看猪的数量及日增重等数据，改变依赖传统的电子秤称重等估重方式。猪场管理者可以根据猪的日增重实时计算料肉比，以便针对不同猪群调整饲料配方，提高管理效率，且不会对猪群产生任何应激，真正实现智慧养殖新模式。

主要功能：① 仔猪盘点、舍内盘点、转舍盘点、死猪盘点；② 估算体长体宽、舍内估重、转舍称重、死猪估重；③ 卖猪通道称重、出猪台称重；④ 卖猪通道盘点、出猪台盘点。猪场精准盘点系统通过 AI 摄像头收集、分析影像，实时统计栏位内的猪的数量与体重，告别传统定期统计的局限性，用户可以远程在手机上随时随地查看猪的数量与日增重，获取数据更实时、精准，避免人工肉眼盘点所带来的误差。智能统计可有效减少人力的投入使用，降低人工成本，且核心算法可保证数据准确率高达 95%以上。精准的数据采集，为猪的饲喂计划和猪场日常经营提供有效的指导，有助于猪场生产效率与经营效益的提高。

5.5　精准体温监测

体温是反映猪健康状况的重要指标，实时体温测量是猪群健康管理的重要手段，对于及时发现患病猪、防止疫病大范围传播具有重要作用。但传统的测量方法却十分费时费力、无法实时监测，往往还会对猪造成严重应激，影响猪的健康状态。精准体温监测不但能保证检测体温的准确度，还可以避免与猪接触，避免猪应激、采集温度不准确、采集时间长、浪费大量人工等缺点，对于猪场健康管理具有重要的实用价值。

5.5.1　研究进展

随着智能养猪的发展，传统的利用温度计测量猪肛温的方法已不适用。目前，国外研究者 Andersen 等在猪体温与行为之间的关系研究中，利用猪耳皮肤温度传感器监测猪的体温变化；Chung 等利用红外测温仪智能监测仔猪的体温变化；Hentzn 等将无线体温传感器植入猪体内，通过无线信号接收装置实时记录猪体温的变化。国内研究者盛显超利用 WiFi 和云平台对生猪体温进行监测；江苏省农业科学院利用红外体温传感器、温度采集发射器等成功研制了非接触式测量猪体温装置。王晨阳等对智能感知技术在养猪管理中的应用进行了研究。

5.5.2　生产应用

互联网技术、无线通信技术、传感器技术等的高速发展，使猪的精准体温监测技术取得突飞猛进的进步，对于集约化、规模化养殖场的猪群健康管理具有重要的实际应用意义。互联网技术的发展为无接触体温监测提供了技术支撑，管理人员远程可对猪体温进行监测，与猪无接触，减少了猪群应激和疫病传播。无线通信技术的发展减少了大量布线、布局和设计的难度，节省了材料和施工成本，为信息接收、转发提供了便利。

猪的体温测量是精准体温监测的难题，传统的测量方法是用玻璃温度计插入猪的直肠进行测量，这种方法准确度最高但是猪的应激反应非常大，玻璃温度计的破损会对猪造成严重伤害，并且管理人员的工作强度也非常大，不能实现对猪实时体温监测。在猪口腔、耳道中放置温度传感器，虽然也能准确监测猪体温，但同样因为猪的不适或采食活动等造成传感器极易脱落。

目前，精准体温监测主要采用皮下植入式体温传感器、红外热成像、红外测温、电子耳标式体温传感器等测量猪的体温。皮下植入式体温传感器能精准监测猪的体温，但由于需要手术把传感器植入到皮下，猪的应激反应非常大，且手术后伤口容易感染，严重影响猪的健康。红外热成像是利用猪的热成像照片进行比对分析，判断猪的体温。由于测量的是猪体的表面温度，并且受环境的影响非常大，准确度不高。红外测温测量的也是猪体的表面温度，同样受环境的影响非常大，存在准确度不高的问题。电子耳标式体温传感器在给猪打耳标时佩戴，并与电子耳标号绑定，提高了猪的信息管理效率，减少了管理人员的工作量，同时具有佩戴方便、不易脱落的优点。内置温度探头紧贴皮肤能准确测量猪的皮肤温度，通过系数校正能准确反映猪的体温，所以电子耳标式体温传感器非常适合进行精准体温监测。

精准体温监测的原理是通过耳标式体温传感器实时采集猪的体温信息，通过 Zigbee 网络或 WiFi 网络接收并转发给云平台，通过终端电脑或手机 App 应用程序在养殖场内外进行远程监控。精准体温监测系统主要包括电子耳标式体温传感器、无线数据接收转发网络、云平台、终端监测软件、报警器等。电子耳标式体温传感器紧贴猪耳皮肤，能准确检测温度变化，将猪电子耳标号和体温信息一起以数字方式发送。对于无线数据接收转发网络，在距离猪 20～50 m 处设置信息接收装置，接收耳标式体温传感器的数字信息，并通过无线 Zigbee 网络或 WiFi 网络转发给云平台；云平台通过猪健康管理软件对猪体温进行校正，并设定猪体温预警范围，当有猪的体温超过预警范围时，通过向终端电脑或手机发出报警邮件，或指示管理室中的报警器利用声、光进行报警。养殖场管理人员可通过终端电脑或手机中的监测软件远程查看猪群的体温变化，及时监测猪群的健康状况。

5.6 数字化管理

传统的猪场管理主要依靠技术员和饲养员通过耳标、信息牌、管理档案等方式进行人工管理，管理比较粗放，尤其猪在转群、转舍、转场等日程管理中极易出现信息丢失等问题，管理效率低、出错率高，统计分析工作量大、难度大。猪场数字化管理能避免人为操作错误，有效保证种猪生产记录的准确性，实时监测种猪繁育状况，提升对种公猪配种期、母猪妊娠期、生产期、仔猪出生日期、断奶期等信息的管理能力；并能早期发现疫情，远程精准监控猪场各个关键环节和各个猪群，有效提高猪场管理水平，对猪场降本增效至关重要。

5.6.1 研究进展

美国从 20 世纪 70 年代开始在农场使用计算机数字化管理，其中美国内布拉斯加大学研发的 AGNET 联机网络、美国农业部与农业图书馆研发的 AGRICOLA 等比较有名。德国研究者 Hlime 研发了猪场业绩与后期决策系统。荷兰研究者在 Porcod 系统基础上研发了母猪自动饲喂 Velos 系统。日本 20 世纪 80 年代研发出农业自动化生产管理系统，其中包括家畜卫生管理、畜牧生产管理等系统。

我国猪场数字化管理研究开展较晚。2010 年，范强等通过 ASP 的个体近交系数构建数字化管理模型，进行育种值估算研究。2011 年，吴健开展了种猪数字化管理信息系统开发与应用研究，可通过管理信息系统对种猪场数字化管理，实时监测种猪配种、生产与健康等状况，提高种公猪配种、母猪妊娠和生产、仔猪出生和断奶阶段的管理效率。2018 年，河南农业大学研发了智能猪场数字化管理系统，通过养殖数字化管理实时监测种猪繁育状况，提高了养猪生产各个关键环节的管理能力。

5.6.2 生产应用

数字化管理的目的：① 对猪场生物安全进行精准防控，减少疫情发生，保障猪群健康；② 对猪舍环境进行智能控制，创造利于猪群生长的适宜环境，提高生产效益；③ 对猪群健康进行精准管理，对病猪早发现早治疗，减少损失；④ 进行精准饲喂，根据猪生长状况等数据估算采食量，减少饲料浪费，避免个别猪营养不足；⑤ 对种猪进行系统、连续的数据管理，选择优秀种猪后代留种，提高后代选育工作的科学性和准确性；⑥ 准确量化各项投入与支出，提高经营者的决策效率；⑦ 提升财务管理能力，合理控制各项生产成本；⑧ 利于管理人员发现与解决问题。

猪场数字化管理应包括数字化设施设备、数字化管理平台、人员及管理制度三大方面。

数字化设施设备包括有线和无线网络系统、生物安全防控系统、猪信息采集系统、猪舍环境控制系统、精准饲喂系统、粪污与环保监测系统、视频监控系统。有线和无线网络系统的信号覆盖办公生活区及所有数字化设施设备存在区域，保障数据传输的稳定性。生物安全防控系统能自动采集数据并控制猪场的人流、车流、物流、动物流等的阻断、隔离、洗消、流动路线等。猪信息采集系统通过电子耳标、识别设备等实时对猪信息进行采集，记录耳号、活跃状态等。猪舍环境控制系统通过空气、光照等传感器自动监测猪舍内环境，通过管理平台对猪舍进行通风、排湿、补温、降温、补光、遮光等智能控制。精准饲喂系统通过自动控制料塔、自动传送系统、精准饲喂器等，精准控制并记录送料量、采食量。粪污与环保监测系统通过污水流量计、污水液位器、氨气感知器、COD 监测器等对粪污进行监控，在超过环保要求时自动报警。视频监控系统通过智能摄像头对猪场周边及场内、猪舍内外、大门、通道等各关键场所进行监控，发现异常现象自动报警。

数字化管理平台包括生产管理平台、中控管理平台和数据应用三部分。生产管理平台通过信号接收系统和信号传输系统实时记录种公猪配种，母猪发情、妊娠、产仔，育肥、饲喂、饮水、免疫等各种生产信息，并在电脑终端或手机上以数字或图表等形式体现，便于管理人员实时监测及调整。中控管理平台通过对视频监控、生物安全防控、精准饲喂、舍内环境监控、粪污与环保监测等信息的接收与分析，在电脑终端显示环境状况、生产状况、设备运行状况等信息，并实时发布指令进行调整，保证猪场节能环保、高效运行。数据应用通过接收的信息进行生产、生物安全、预警等信息的分析，为中控管理平台提供监控数据，并将生猪存栏、出栏、补栏、免疫、死亡等信息实时推送给省级或国家级畜牧信息管理平台，便于省级或国家级畜牧行政管理部门进行统筹调控。

人员及管理制度中的“人员”主要指信息技术人员，万头规模化猪场至少配备 1 名信息技术人员，10 万头以上规模化猪场要配备 2 名以上。“管理制度”是猪场管理的基础，猪场数字化管理应制定相应的管理制度、操作流程标准、岗位责任，以保障猪场数字化管理系统和设施设备的正常运行。

5.6.3 数字化管理方案

郑州中道智联云科技有限公司开发的猪智汇-智慧猪场管理云平台（软件及云服务）可为主体企业整体或多家猪场提供数字化管理解决方案。养殖企业可以直接利用云平台进行数字化管理，也可单独定制设备、系统和平台进行数字化管理。该平台能根据数据参数自动决策养猪智能设备的使用，或通过智能识别系统进行数据自动记录，并通过数据分析进行生产预警、报告提醒、报表生成等（图 5-1 至图 5-13）。

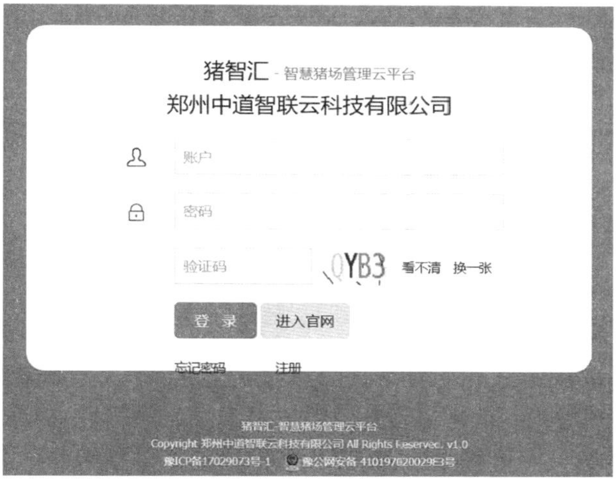

图 5-1 猪智汇云平台入口

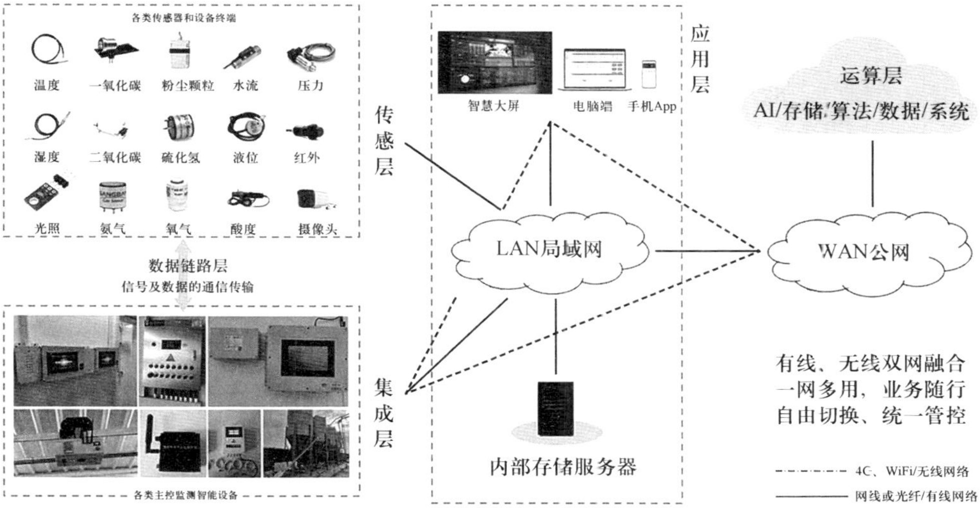

图 5-2 猪智汇数字化管理解决方案

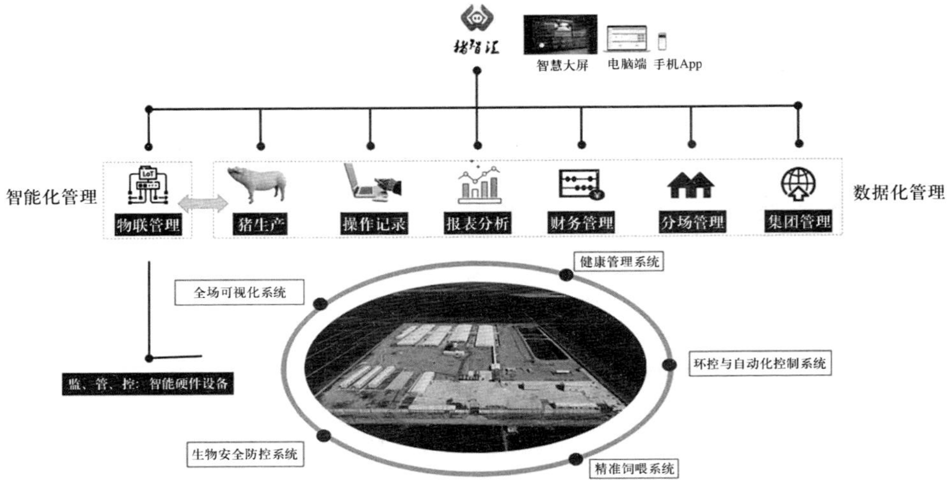

图 5-3 猪智汇猪场管理系统一

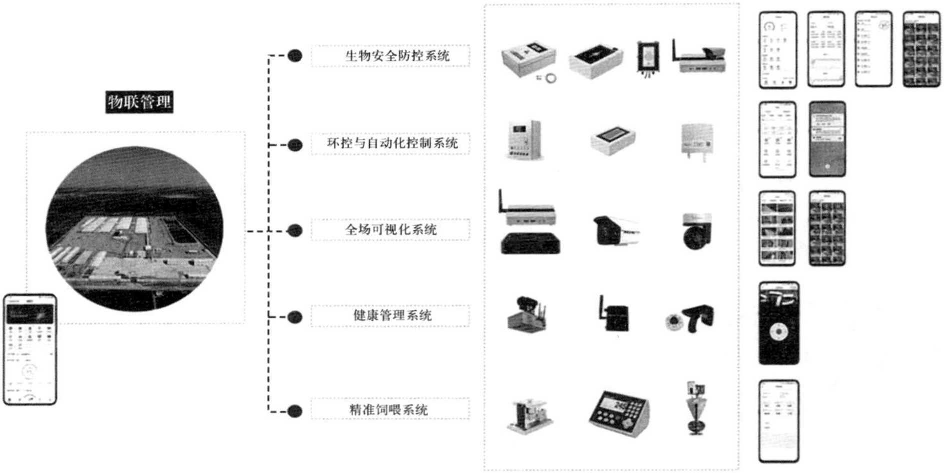

图 5-4 猪智汇猪场管系统二

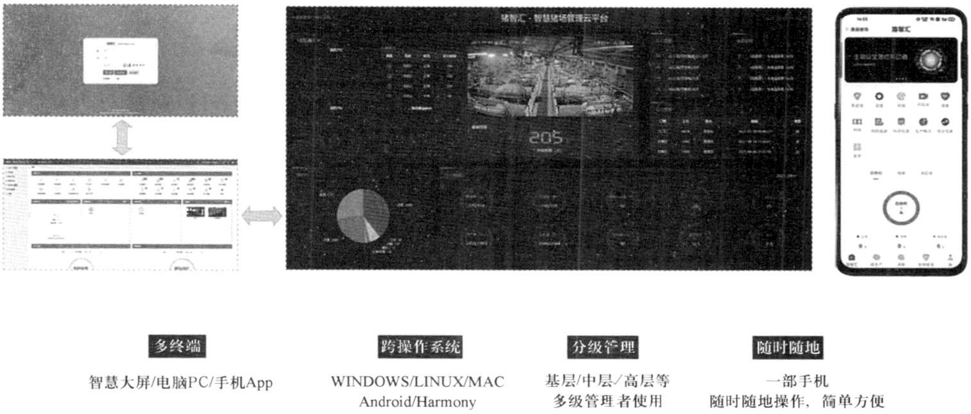

图 5-5 猪智汇 PC/App 终端管理界面及智慧大屏云管理中心

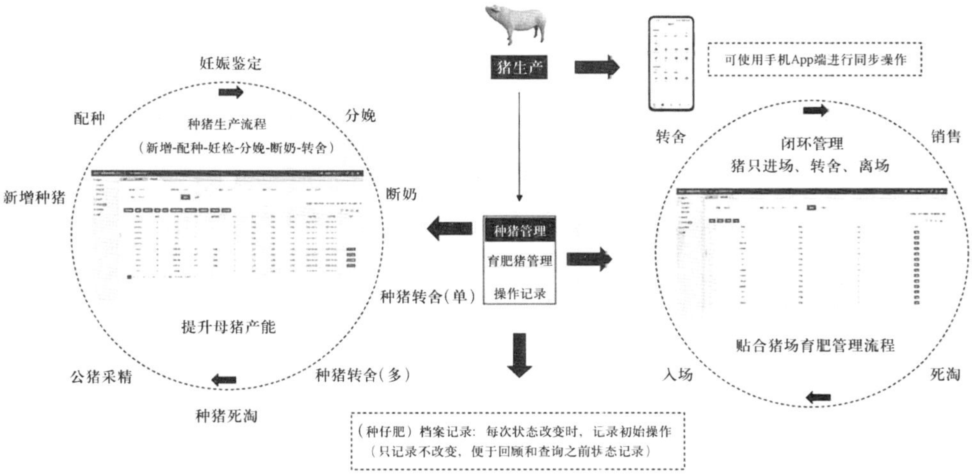

图 5-6 猪智汇生产管理系统

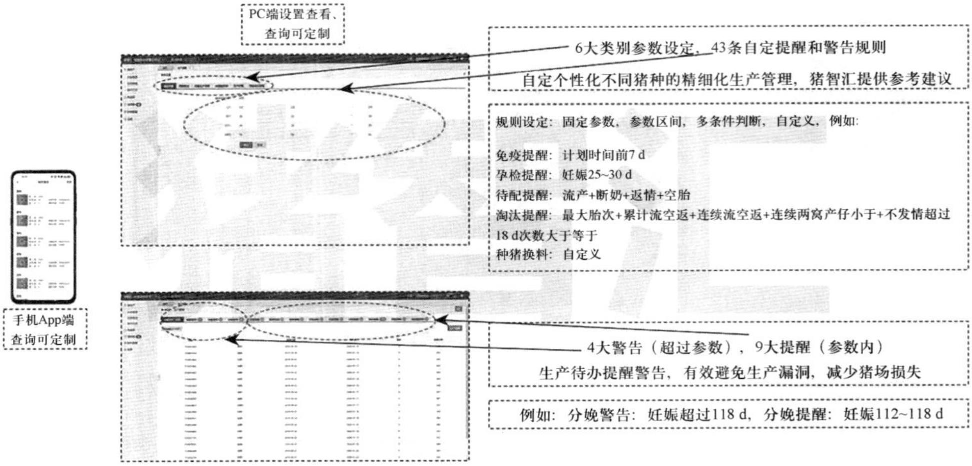

图 5-7　猪智汇生产提醒警告一

图 5-8　猪智汇生产提醒警告二

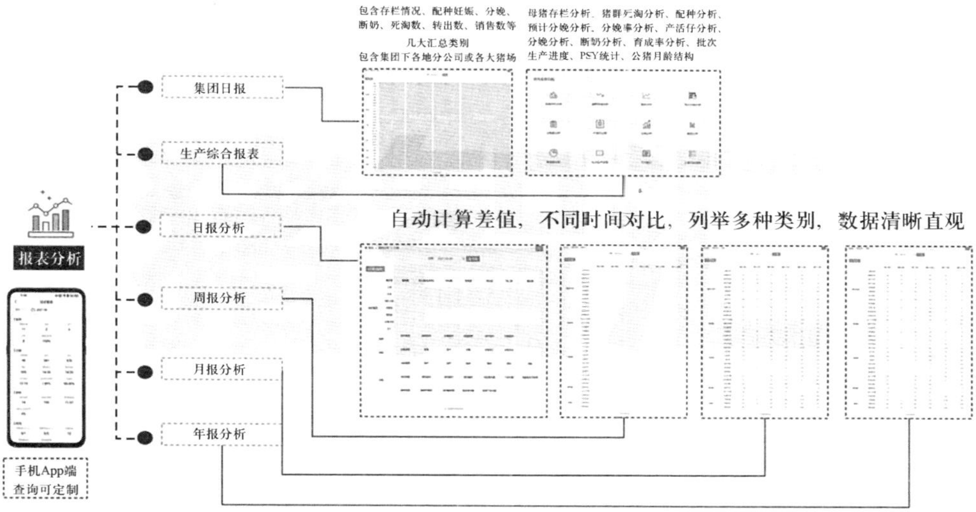

图 5-9 猪智汇报表汇总分析

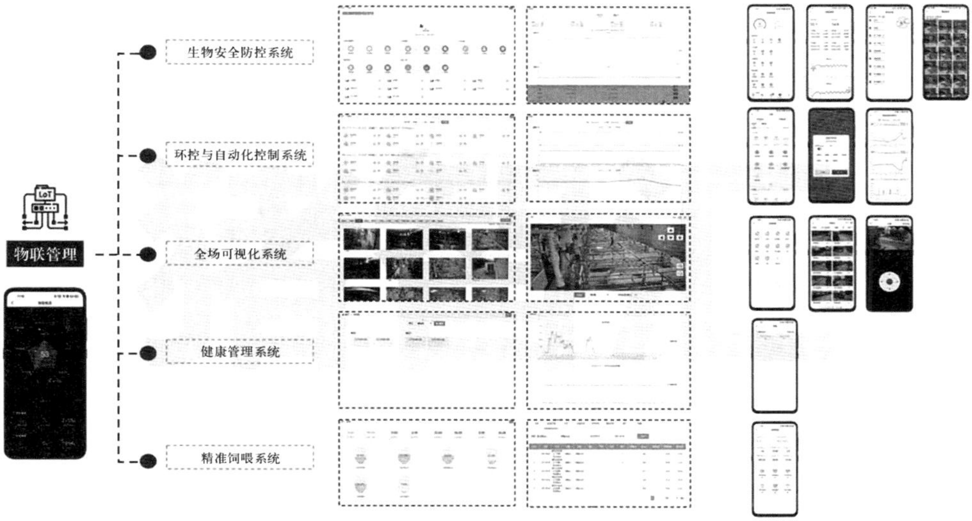

图 5-10 猪智汇智能设备管理

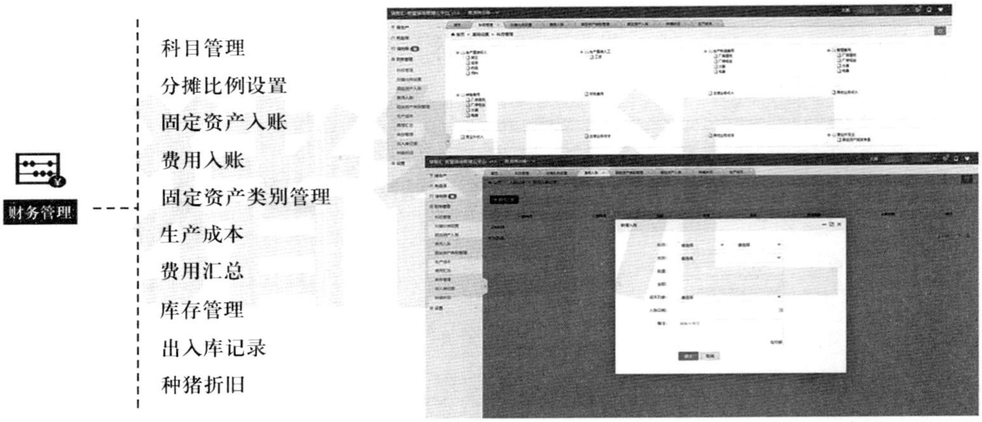

自定科目类型、参数自定设置、自动费用汇总、条目记录完整

图 5-11　猪智汇财务管理

参数设置、猪舍设置、员工管理、职位管理、猪场修改、报警分级

图 5-12　猪智汇组织管理

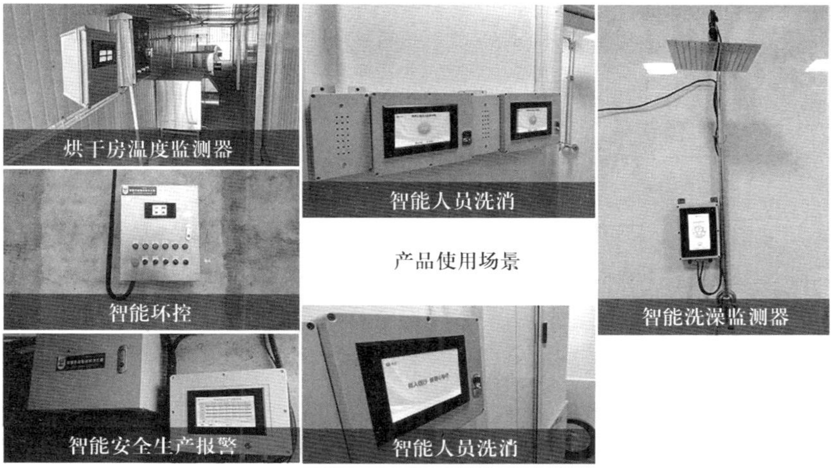

图 5-13　猪智汇应用场景

思考题

1. 猪场精准通风的目的是什么?
2. 精准投料有哪些方式?
3. 精准采光的作用是什么?
4. 精准盘点对猪场的意义有哪些?
5. 猪场为什么要进行精准体温监测?
6. 数字化管理对于猪场管理有什么帮助?

第6章

无人猪场展望

【**本章提要**】本章主要介绍了猪场物料供应智能化，猪场温湿度调控智能化，猪场有害气体调控智能化，猪场饲料供应智能化，猪场分拣体系等内容。智能化对畜禽体征及健康感知的难度要明显高于农作物的生产，因此无人猪场系统的研究与应用具有更大的挑战性，也具有更大的应用前景。

6.1　猪场物料供应智能化

养殖动物往往对传统的畜禽生长、环境监控技术等产生较大应激，而深入开展设施养殖无应激数字化监控和远程管理研究，实现设施养殖的非接触、精准化和高效化具有重要意义。无人猪场时代即将到来，人工智能技术将通过感知、学习、推理，准确获取动物自然行为，真正实现基于"物联网＋"的设施精细养殖全过程的无人操作和应用。

2018 年，非洲猪瘟疫情对我国生猪产业造成巨大冲击，生猪价格剧烈波动。2020 年突如其来的新冠肺炎疫情又在一定程度上打乱了生猪养殖业恢复的脚步。双疫情叠加养殖周期，给我国的养猪业带来了巨大挑战，也让智能化、无人化养殖成为生猪产业的重要趋势。当前，养猪行业正处于快速转型升级阶段，食品安全、风险控制、提高效率、降低成本、提升产品品质和附加值、动物福利等都是养猪企业普遍关注的问题。在未来的养猪生产过程中，大数据和云计算将成为新的生产要素，将养猪和人工智能、互联网结合起来将是大趋势。养殖企业的数字化升级是"产业＋互联网"，互联网是畜牧业顺应时代发展的有效工具，针对"公司＋农户"、精准饲喂等养猪业存在的痛点，智能畜牧将有很大的发展空间。

在现代互联网大时代的背景下，构建智能化的物料供应管理体系是仓储管理优化的必要选择。物料供应管理系统可以提高仓储物料管理的精度和准度，保证养殖场能够及时、准确地掌握物料供应的时机，保持合理的库存。该系统通过合理的编码，还可以对养殖场仓储货物的批次、库龄等进行在线管理，有利于提高养殖场管理效率，提高物料供应效率，使养殖场实现稳定供应物料。

6.1.1 规划与布局

完善仓储硬件设备的整体规划和布局，可以提高仓储单位面积的利用效率，保证仓储空间的充分利用，即合理的物料堆放形式。在合理的存储规划和布局条件下，适当的安置设备于立体仓库中，采用新型存储货架、托盘、数码自动识别系统等设备，使物料的分拣、加工、包装和装卸完全自动化，从而提高养殖场的运作效率和提升物料的供应水平，最终使养殖场达到高收益。

6.1.2 构建物料供应智能化管理平台软件系统

在构建物料供应智能化管理平台软件系统时，为实现对仓储货物的感知、定位识别、计量、分拣和监控等功能，需要使用传感设备、无线射频识别(Radio Frequency Identification，RFID)、条码、激光、蓝牙、视频监控等感知技术构建起物料供应智能化管理平台软件系统。

当前，应用较为普遍的是 RFID 技术，包括 RFID 标签和智能手持 RFID 终端设备，通过将 RFID 技术与托盘系统结合起来，能够实现仓储配送的全封闭式管理，从而降低系统的运行成本。配合智能手持 RFID 终端设备能够大幅度提高物料的分拣效率。

RFID 技术作为构建智慧养猪的核心关键技术，备受国内外专家学者的关注。

6.1.2.1 RFID 系统在饲料产品存储中的应用

从饲料产品物流仓储管理的各环节可知，饲料产品的包装体积大、质量大及易发霉变质的特性，决定了仓储管理、物品周转和数据管理都具有较大难度。以 RFID 技术为基础构建一套识别系统，可提高库存商品数据的处理效率及准确性。

RFID 系统的工作流程相对简单高效，易于操作和使用。仓储中心管理人员必须能够熟练掌握并使用整套系统，判断系统性能、网络连接是否正常，是否覆盖到全部的电子标签，标签电量是否能够维持正常的工作。使用 RFID 射频读写器并输入相关的指令，信号通过网络传递给目标电子标签。信号指令被对应的标签接收后，芯片自动进入应答状态，内置的数据开始更新和修改，将数据更新完成的信号及时反馈给操作者。RFID 射频读写器基于局域网解码信号并将信息传递给后台控制中心，后台控制中心完成数据的更新、处理和存储。RFID 系统的控制中心通常具有强大的数据分析和处理功能，可以根据使用者的指令消息，输出各种不同类型的饲料产品数据报表或图表。RFID系统的控制中心也具有自动纠错功能，当出现数据不一致时，能预警并提示操作者。RFID系统的控制中心系统软件设计应具有良好的兼容性和可拓展性，能满足后续各项辅助的功能升级和数据库扩容的要求。

6.1.2.2 RFID技术在我国生猪养殖业中的应用

1. RFID生猪个体数字化精细养殖

RFID技术可以实现非接触式的远距离目标自动识别，适用于当前养猪生产与管理控制的实际需求。在猪耳上贴上电子标签，这些标签记录下猪的相应个体信息，包括品种类别、出栏日期和生产地等。在饲料投喂之前，需将本次投喂饲料的饲料名称、生产厂商以及添加剂等使用情况记录在相应的RFID标签里，以便出现任何饲料问题时能够迅速溯源。猪一旦靠近射频识别区域，电子标签就会自动激活，读写器就会读取出目标猪的相应数据信息，并将此信息传递给RFID的上位机软件，完成对猪的识别与跟踪。明确了猪的身份，就可以收集到目标猪的采食量与体重数据，然后根据年龄及健康等方面的情况进行分析，针对单个猪进行饲料、饮水、药物等方面的投喂。该技术的使用可以实现对饲料转化率的计算，确定更适合猪育肥的饲料投喂量。

2. RFID在猪肉制品追溯过程中的应用

当前市场对健康安全、高品质的猪肉需求量很高。近年来，随着饲料工业和养殖产业的发展，我国的猪肉产量得到了显著提高，同时也带来了新的问题。在生猪的养殖过程中，养殖户滥用化学合成药物、抗生素，以及激素等未经国家批准的药物，导致猪肉类产品的药物残留严重超标，直接危害消费者的身体健康。因此，为了使生猪养殖、屠宰、储藏、加工、运输和销售等各个环节信息化，使其得以有效监管，就需要建立完善的猪肉制品溯源体系。

猪肉制品追溯系统基于RFID技术，由RFID标签、增益天线、读写器、服务器和信息终端等组成，通过PDA(Personal Digital Assistant)自动扫描，并依托GPRS(General Packet Radio Service)、ADSL(Asymmetric Digital Subscriber Loop)、WiFi(Wireless-Fidelity)等网络通信技术、系统集成及数据库等计算机技术实现信息互联。在猪的养殖环节采用RFID技术，用电子标签记录下猪的饲养、出栏、防疫与治疗等信息。在运输环节，质量检测人员随机抽查生猪信息，并将猪的信息匹配后上传到系统。在猪屠宰前，为了确保所有猪都能满足屠宰要求，需要对猪养殖阶段的各项数据进行读取，以确保那些未达到屠宰标准的猪被筛选出来并淘汰。屠宰后，需要将猪的RFID电子标签信息转移到胴体标签内，以便猪的身份信息能够被继承和传递。胴体分割成猪肉，再将分类的猪肉封装成物流小单元，贴上条形标签，分级显示猪肉的每个流通环节，做到真正意义上的全程可追溯。

3. RFID在生猪疾病防控管理中的应用

我国防疫机构具有良好的信息化环境，相关的业务流程十分规范，为检疫领域使用RFID技术提供了可行性。防疫人员为猪场制订防疫计划，包括消毒处理、疫苗注射、药物治疗、定时检疫等，然后将该计划上传到生猪疾病防控系统。系统会根据生猪防疫计划为养殖场制定时间，并提醒防疫人员及时进行防疫工作。防疫人员到达养殖场后，通过PDA扫描猪耳标上的RFID电子标签，便能完成该猪的防疫信息采集。当防疫人员完成防疫工作后，需将本次工作的时间和相关内容通过PDA写入猪的RFID电子标签中，当养殖场人员再次扫描时，便能知道猪的健康和防疫情况。一旦猪发生疫情，防疫人员可以根据RFID电子标签所记录的具体信息，快速查询和锁定目标，对其进行紧急防疫和治疗。

4. RFID在病死猪无害化处理过程中的应用

自2018年非洲猪瘟传入我国以来，对我国生猪养殖业产业升级与绿色环保提出了双重挑战。传统的病死猪无害化处理技术包括四类：焚烧法、掩埋法、发酵法和化制法。采用RFID技术监控病死猪无害化处理流程，可有效保障处理过程的真实性。先由养殖户申报病死猪信息，无害化处理厂核实信息后，由专门人员对猪尸体建立档案并安装RFID电子标签，将相应的病死猪信息记录到标签中（如病死日期、病死原因等），同时将信息上传到服务器存档。之后，在病死猪的处置、运输、存储等每个过程中，严格按照RFID电子标签记录信息核实猪的身份，防止遗漏和缺失。最后，处置病死猪后回收RFID标签，消除标签信息。

6.1.2.3　RFID技术在国外生猪养殖业中的研究现状

自20世纪80年代以来，欧美国家便已经成功地将计算机技术融入畜牧业的生产体系中，使其在自动化、精准化、信息化的浪潮中获得了长足发展。通过RFID技术，人们施行了有效的自动化控制和信息化管理，使得其生产效率空前提高，生猪的养殖规模不断扩大。当前，世界上的主要发达国家如美国、英国、日本、德国、法国、荷兰等已经陆续建立了一些自动化程度高的生猪养殖农场，将RFID技术应用于生猪自动化养殖的信息收集，并对数据进行分析整合，取得了很好的成果。荷兰的NEDAP公司从1982年开始，便将RFID技术成功应用到了生猪饲养管理中，从最初的母猪自动饲喂站，到后来的奶牛自动识别，再到如今的Velos自动群养系统，他们在利用RFID技术进行精准饲喂、提高动物福利的道路上走得很远。法国ACEMO公司设计的Elistar母猪多功能自动饲喂系统具有饲料投喂、激素供应、母猪筛选与喷色分类等多种功能，大大减少了养殖场员工的工作量，提升了养殖自动化水平。此外，还有美国Osborne公司设计的TEAM全自动母猪饲喂系统，德国BigDutchchman公司的CALLMATIC2智能饲养管理系统等。这些欧美国家通过RFID构建起猪管理系统，将养猪生产的各个环节数据链接起来，通过计算机技术提高养殖效率，推动了生猪养殖自动化与信息化的进程。但是，由于进口设备昂贵，维护成本高，加之生猪养殖环境下设备易老化损耗，而且一旦出现断电问题，电子元器件容易损坏，所以设备在国内的推广受到了严重影响。

6.1.3 智能化物料供应体系

在构建以仓储为中心的物流软件系统中，可以将养殖场内部的局域网与互联网络连接起来，通过构建自动化立体仓库，结合智能仓储软件管理系统、包装设备、装卸设备、分拣设备，对物料进行统一编码，形成完善的物流服务系统。利用信息集成技术可实现物料供应规划、物料采购、物料出库、配送等信息的一体化。通过硬件信息采集设备，可对物料出入库、库内移动、物料调拨和退换货物进行管理，同时还可对物料位置的变化和周围环境的改变进行监测。对于特殊物料，则可使用RFID技术进行实时在途跟踪，并对物料送达的具体时间进行预判。

6.1.4 提高仓储管理水平

在仓储管理的过程中，通过完善立体的仓储货架摆放方式，可保证物料的合理堆放以及获得不同分类物料的具体数量，在物料供应之后进行自动增减，实现物料供应的智能化管理。利用仓储管理信息系统，可以对物料的实际库存进出库流程进行智能化管理，保证信息服务准确、及时，实现低损耗、无差错的安全出库。

6.2 猪场温湿度调控智能化

随着养猪业规模化、机械化、精细化的不断发展，养殖场对生产的组织管理提出了更高要求，为了满足人们对环境控制设备的需求，智能化、网络化、高可靠性的环境监测和调控设备是今后发展的必然选择。一方面，环境控制设备要向更加精准化、数字化、标准化的方向发展；另一方面，随着网络技术的高速革新，影响养殖效果的因素如季节、环境、品种的不断变化，自动化控制系统的介入是必要的，既可使系统的监测和控制方便有效，又可有效减轻猪场工作人员的负担，降低养殖难度，改善养殖效果。

在规模化猪场中，养殖环境，特别是温度和湿度对猪的生长、生产性能均有比较大的影响。针对猪场智能化温湿度调控的问题，赵扬帆等设计了一种基于单片机AT89C2051的温湿度自动控制系统(图6-1)。该系统通过上位机和单片机之间的通信，自动支配锅炉、风机等设备投入或退出运行，保证了猪舍内温湿度的自动调节，保证猪群生长的最佳条件。

在猪舍温湿度自动控制系统中，温度传感器选用DS18B20，湿度传感器选用

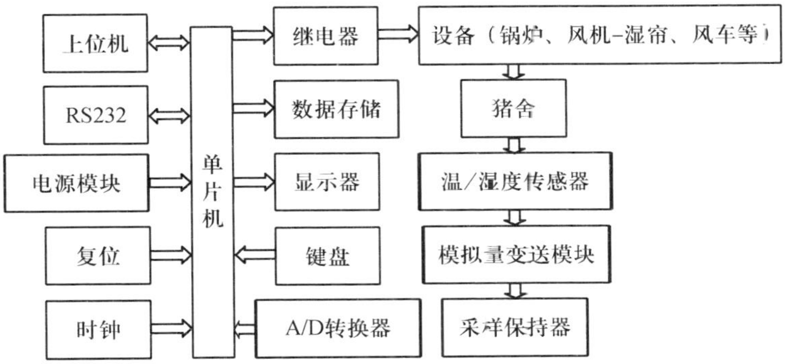

图 6-1　自动控制系统的框图

资料来源：武晓钊．物联网技术在仓储物流领域应用分析与展望[J]．中国流通经济，2011.

HM1500，上位机选用微型通用计算机，并配套定时电路、电源模块（提供电源）及数据存储器等原件。作为整个控制系统的重要组成部分，上位机可利用传感器采集的温湿度信息，并通过数据运算和存储，向单片机发出控制指令。单片机实时采集现场数据，传感器上的温湿度信号经过开关量通道，辅助复位、定时等功能，通过串行通信口将单片机的工作状态及相关数据向上位机传送；同时从上位机接收指令的同时，向锅炉、风机、湿帘等设备发出控制命令，使这些设备自动投入或退出运行，从而将温湿度控制在预先设定的范围内，实现上位机对自动控制系统的管理，完成温湿度信号的采集、转换和存储的自动化，达到为养殖猪群创造一个适合生长环境的目的。

6.2.1　温度传感器

温度传感器按传感器与被测介质的接触方式可分为两大类：一类是接触式温度传感器，另一类是非接触式温度传感器。接触式温度传感器的测温元件与被测对象要有良好的热接触，通过热传导达到热平衡。这种测温方法精度比较高，并且可测量物体内部的温度分布，但是对于运动的、热容量相对比较小的及对感温元件有腐蚀作用的对象，将会产生很大的误差。非接触测温的测温元件与被测对象互不接触。常用的是辐射热交换原理，此种测温方法的主要特点是可测量运动状态下的小目标及热容量小或者变化迅速的对象，也可以测量温度场的温度分布，但是受周围环境的影响比较大。

现阶段无线测温仪在国内外许多研究领域得到了广泛的应用。刘雨刚等设计出一种高精度矿用温度传感器，使测量的温度分辨率从 0.5 ℃提高到 0.1 ℃。

DS18B20 是一款性能优异的数字化温度传感器，在温度智能检测控制领域获得了广泛应用。DS18B20 是一种单总线数字温度传感器，最大的特点就是采用单总线的形式，只有一条数据线（及地）与控制线相连，并且还可以由数据线直接供电而不使用外部供电。同时，单总线的特性使其对控制器的读取时间要求非常严格。DS18B20 采用的是 Maxim 公司专有的总线协议，该总线仅需要一个控制信号进行通信。DS18B20 有 9 字节的暂存寄存器：Byte0 与 Byte1 作为温度寄存器的高字节和低字节，这两个字节是只读的，是当前传感器测得的温度值；Byte2 和 Byte3 为过温和低温温度报警寄存器；Byte4 保存着配置寄存器的数据；Byte5、Byte6、Byte7 作为内部保留字节；Byte8 为只读字节，为前 8 个字节的 CRC 校验结果。DS18B20 的温度读取步骤非常复杂，要先向温度传感器发送温度转换指令，温度传感器才会将采集到的温度值转换到暂存寄存器中，这一过程需要 750 ms（12 位精度时），待转换完成之后，要再次向传感器发送读取暂存寄存器指令。此传感器的读时序也很特殊，因为没有时钟线，所以需要告知传感器何时读，以总线电平拉低超过 1 μs 来实现，传感器收到后会调整总线高低电平来传输数据，但是此数据只在 15 μs 内有效，15 μs 后传感器会释放总线，总线被上拉电阻拉至高电平。

6.2.2 湿度传感器

湿度传感器是将水蒸气的量转换成可以测量的量的器件，它已被广泛地应用在药物储存、动物养殖、温室大棚、工业生产等领域。研究人员根据不同工作原理制备了相应的湿度传感器，但理想的湿度传感器应该具有高灵敏度、响应时间短、长期稳定性、价格低，以及能在较大湿度和温度范围内工作的特点。

湿度传感器按照信号转换方式分类，主要有电学式、声学式、光学式等，其中电学式中的电容型和电阻型湿度传感器具有成本低、体积小、设计简单、工艺灵活等优势，不足之处：需要定期校准、相对湿度小于 5% 的湿度测试比较困难、线性关系不佳和相对长的响应时间，而且不易在极端环境、偏远地区使用。电容值主要由不同湿度下材料的介电常数特性变化决定。电容传感器具有响应快、线性度高、湿滞低及长期稳定性好等特点，近年来，已在纳米技术、CMOS-MEMS 和磁干扰区域中使用。目前，电学式湿度传感器在湿度传感器市场中占有着较大的市场份额。

6.2.2.1 电容及电阻式湿度传感器

电容式湿度传感器主要由检测电极和湿敏介质组成。其中，检测电极有双层平板或单层指状电容 2 种类型，湿敏材料涂覆于平板电极间或叉指电极上可以进行感湿。与通常使用的器件相比，新一代湿度传感器的响应时间可减少 90% 以上。目前，对电阻传感器的研究主要集中在其敏感性、响应时间、线性关系和湿滞性质方面。电阻式湿度传感器由湿敏电阻材料和导电电极组成，一般采用金属半导体氧化物、钙钛矿陶瓷、纳米有机纤维和石墨烯等作为感湿材料，利用旋涂、离子浸润滴涂等方法将其置于电极表面或测试电极上方，根据不同湿度下电导率的规律性变化测得环境湿度。电容式或电阻式湿度传感器的测试值往往受环境温度变化的影响。第一，对于电容式湿度传感器，一定频率下湿敏材料和凝结水的电荷或离子的极化受温度影响，因此湿度检测时，电容值也会被环境温度变化所干扰。第二，电阻式湿度传感器湿敏介质内部的载流子迁移率、水分子脱附率等也受温度影响，进而导致测得的电阻值发生变化。在实际环境应用中，温度的变化会导致湿度传感器测试结果产生线性漂移，造成一定程度的计量误差。同时，电容式或电阻式湿度传感器的典型响应时间在 5～60 s，虽然适合于多数情况，但在特殊领域，如作为呼吸传感器，这个响应时间就显得过长。此外，它的准确度仅适用于百分之几十的空气相对湿度，当在空气相对湿度 0～10%和 90%～100%的极端范围下使用时，准确度会更低。器件还存在较高的湿滞现象，湿度增大或减小时会明显影响器件的输出，最高工作温度通常在 80～120 ℃，此时无法满足部分工业烘干方面的应用要求。

6.2.2.2　光学式湿度传感器

该类传感器是根据湿度的变化引起媒介层性质的变化，进而使光传播性质(吸收、反射系数、频率等)发生变化的原理制作的。目前，研究较多的主要有光纤湿度传感器和干涉测量湿度传感器。光学式湿度传感器具有体积小、响应快、抗电磁干扰等优点，能应用在电学湿度传感器和声学湿度传感器可不能应用或不适合应用的场合，如光纤传感器可应用在微波炉内部。由于光学传感器不需要电动力，因此，可用来检测易燃的液体和气体，并且可在恶劣的环境下(如腐蚀性物质中)使用。

6.2.2.3　声学式湿度传感器

该类传感器是根据声学信号随湿度变化而变化的性质制作的。HM1500 是法国 Humirel 公司推出的一种精准可靠、输出线性电压的湿度传感器。它是利用集成电路工艺技术将湿度信息处理器和侧面接触式湿敏电容聚集而成的一种非接触式传感器，具有产品互换性好、响应速度快、抗干扰能力强、不需要外接元件，直接与微控制器相连接的特点。具体如下：①内部结构由湿敏电容构成的桥式振荡电路、低通滤波电路和放大器组成，输出阻抗为 70 Ω。②属于湿敏电容式传感器，空气相对湿度 0～100%的变化，输出电压呈 1～4 V 的线性变化。相对湿度为 55%时的标称电压输出 2.48 V，精度在 10%～95%RH 范围。③利用 5VDC 恒压供电，工作电流为 0.4 mA，工作温度范围为－30～＋60 ℃。④抗静电、防灰尘，能有效抵抗各种腐蚀性物质。

6.3　猪场有害气体调控智能化

养殖场的有害气体严重影响畜禽健康和周边环境，能进一步导致气温升高和形成酸雨，对自然环境造成严重污染。我国猪场的有害气体对生态环境的影响较为严重，给环境污染防治带来极大的压力和挑战。

猪场有害气体主要有氨气、甲烷、硫化氢等，有害气体浓度较高时能严重影响猪健康，如猪红眼病、哮喘病、皮肤病等，使猪食欲不振、日增重降低，最终造成猪出栏体重轻、群体整齐度低，严重影响猪场生产成绩和经济效益。猪场有害气体主要来自猪的排泄物，其含有丰富的蛋白质、碳水化合物、脂肪等营养成分。这些未被猪完全消化掉的营养成分在厌氧环境中能产生甲烷、醇类物质、有机酸、甲氨、氨气、乙烯醇、硫化氢等气体。由于猪采食、饮水、排泄全部在一个猪舍内，猪粪、尿不能及时清除，其裸露在空气中的时间较长。猪舍通风不好的情况下，猪粪、尿排放的氨气、硫化氢、甲烷等有害气体会一直留存在猪舍内，造成猪舍空气质量越来越差。

养猪场对粪便和废水的重视程度非常高，也采取了一系列有效措施进行资源化利用，粪污问题基本得到解决。但到目前为止，与粪污资源化利用相比，有害气体的处理效果还不尽如人意。多年来，国内外专家学者围绕减少畜禽养殖有害气体开展了一系列研究，也取得了很多成果，但大部分是对单一措施进行研究，治理效果有限。

现在很多科技公司开发了猪场环境智能化监测系统，如奥越信、慧云、精讯等。该类系统由环境监测终端、通信终端、工控模块和监控软件组成，具有数据采集、数据分析、远程监控、超限告警和智能联动等功能。系统先运用各种精密传感器实现对猪舍中的温湿度、氨气浓度、二氧化碳浓度、光照等参数的监测；依靠 GPRS 网络，把数据传输到运程服务器，服务器接收到数据以后，经过云运算处理，将其分类存储到数据库。管理员可以通过 Web 系统、手机管理软件，访问服务器中数据库存储的数据，也可以通过服务器控制通风、换气、降温等设备。系统经过合作企业的实地测试，正确、实时地采集到了各节点的环境状态，充分证明了系统的可行性和稳定性，以及准确、方便快捷的特点。

随着养猪事业的快速发展，为了提高养殖效率，降低养殖成本，获得最大利润，集约化、高密度、封闭性、自动化是现代化养猪场的特点，但是封闭性强、密度大极易造成猪舍内有害气体浓度过高，这些有害气体严重影响猪生理健康，甚至引发疫病流行，导致猪场养猪过程中使用抗生素越来越多，药物残留超标，养殖场的生物安全风险进一步增大，生产的动物产品质量严重下降。所以如何在满足现代化养猪场生产实际需要的情况下，有效控制猪舍内有害气体排放，降低有害气体浓度，减少对猪的危害，提高养殖效率，保障生物安全，减少环境污染，一直是人们研究和关注的主要问题，也是困扰养猪业快速健康发展的一个难题。实行养殖环境监控可以提高猪群福利，使猪健康生长，提高经济效益，是实现养殖业可持续发展的有效途径。猪场环境控制必须综合考虑生产工艺、养殖场环境、猪舍结构、舍内环境调控要点和设备、饲养工艺、环境污染控制等。

6.4 猪场饲料供应智能化

传统的畜禽饲喂方式易造成畜禽营养不均、饲料浪费等问题，且人工劳动强度较大、生产率较低，随着现代畜禽业规模化和集约化的快速发展，畜禽饲喂方式正不断从粗放向精细转变。

智能化饲喂系统主要是由畜禽精准饲喂管理软件和智能饲喂设备组成。当畜禽主动到智能饲喂设备寻饲时，畜禽所佩戴的识别卡在距离饲喂设备感应器一定范围内即可自动识别畜禽个体，计算机通过饲喂管理软件自动查询数据库内的饲喂计划及饲料配方，决定是否投料及投料量。在饲养信息获取方面，随着微型计算机、电子识别系统、电子自动称量系统等高新技术的应用，精准饲养的自动化水平大大提高，通过准确获取畜禽饮食行为，合理分析畜禽生理状况，进而制订饲喂计划，有助于最大限度地发挥动物生长和繁殖潜力。在饲料精准配方方面，充分挖掘饲料中潜在的营养成分，科学配备饲料，能够促进畜禽营养吸收。通过降低少量昂贵营养物质的供给，还可降低约15%的饲养成本，3%的饲料制备、储存、管理和运输成本，40%以上氮、磷和其他污染物的排放。家畜智能饲喂设备的开发对象主要是猪和奶牛，研发的系统包括妊娠母猪电子饲喂站、哺乳母猪精准饲喂系统、奶牛精准饲喂系统等。智能饲喂提升了工作效率，降低了畜禽发病率，促进了喂养环节的专业化和自动化。

近10年来，越来越多的行业人员关注着生猪养殖过程中的环控设施设备、全自动饲喂设施设备，以及自动化、智能化的个体识别、精准饲喂技术的发展，以期提高生猪健康管理水平、提高生产效益。随着物联网技术的不断发展，特别是随着生猪智能养殖设备的不断涌现，生猪饲喂技术开始呈现智能化、精准化、信息化趋势。据已采用智能饲喂设备的猪场统计，智能化精准饲喂设备可以提高猪的生产性能和利用年限、减少饲料浪费，最终增加养殖企业的经济收入。

随着技术革新，目前的智能化精准饲喂系统可以达到对猪的生长、繁殖、健康等数据的管理。猪场数字化精准饲喂系统由监测设备，智能控制器，自动料线和水线组成。通过智能控制终端配合传统自动料线，根据不同品种的不同生长阶段和不同季节的饲喂需求，灵活设置料线上料、运行时间，实现自动上料，精准饲喂；同时，通过水压传感器监测水压，确保饮水供应；使用pH传感器监测饮水水质，水质异常时自动关闭电磁阀并报警。在精准营养的基础上，通过数字化精准饲喂，在确保供给的同时减少传统养殖中饲料的变质浪费，实现节能减排和效益最大化。

精准饲养是一个系统的体系，是基于持续收集和监控从饲料到动物健康状况的全方位数据。基于这些数据，养殖人员可以提前做出和实施预警性方案。这将改善养殖过程的关键绩效指标，如动物产出、动物健康、养殖废弃物排放等。目前，软件解决方案基于大数据、生物统计学和智能算法，可以检测到异常参数并准确预测鸡群的生产指标，比如体重和产蛋量。从经济性、可持续性、食品安全和动物福利角度讲，这都是养殖场所需要的。行业当下的数字化还在第一阶段，即提升管理效率。当这个阶段完成了，才有第二阶段对生产效率的提升和改进。短期内让猪多产仔是不现实的，但是系统数据能够帮助人员管理猪群，减少猪的发病和死亡。饲料配比则更进一层，有了底层的数据，就可以提供饲料喂养的成果，追溯营养是否精准。

目前，国内外的智能化饲喂系统种类繁多，主要包括以下几种。

6.4.1 常规智能化母猪管理系统

荷兰 Nedap 公司开发的睿保乐（Nedap Velos）智能化母猪管理系统包括 Nedap ESF、Nedap FF、Nedap Sorting 和 Nedap PPT 四大类，通过使用该系统，母猪 PSY 可达到 24 头以上，其利用年限平均增加 1～1.5 年。其中，群养管理系统包含饲喂系统、发情鉴定系统和智能化分离系统三大部分。

6.4.1.1 饲喂系统

母猪进入饲喂系统后，通过传感器识别母猪佩戴的电子耳标并记录每头母猪的相关信息，能够对大群饲养中的个体猪进行精准饲喂，下料系统根据不同母猪的情况确定其下料量，避免饲料的浪费，从而降低饲料成本，进一步提高母猪使用年限及生产性能。

6.4.1.2 发情鉴定系统

通过扫描耳标的方式，每头母猪的活动情况都会被详细记录，相关数据将传入发情鉴定系统。发情鉴定系统分析母猪与公猪之间交流的次数和时间，根据内置的判定标准判定该母猪是否发情。该系统可节约人工成本，提高劳动效率，降低饲养成本。

6.4.1.3 智能化分离系统

由于系统的机械结构设计，母猪在采食结束后无法躺卧，将会自行离开饲喂系统。该系统通过使用不同的颜料将患病的、发情的、需要疫苗接种的、临产的、需更换电子耳标的特殊个体分离出来；不同颜色的标记可以节约管理人员时间，降低劳动成本。

6.4.2 妊娠和哺乳母猪自动饲喂系统

针对妊娠母猪群养开发的饲喂系统，3～5 台饲喂器可饲喂 16～22 头母猪。在结构上，饲喂器进出口及通道高度融合、占地面积小、安装与移动方便。针对哺乳母猪单体开发的饲喂系统，可以根据母猪的泌乳期、产仔数、胎次、产仔日期等相关数据，通过内置的饲喂曲线进行精准投料。一天之内可以进行多次饲喂，每次饲喂量较小，体现"少食多餐"饲喂特点。"少食多餐"能够确保母猪的采食量和泌乳能力最大化，提高仔猪断奶重和成活率。该系统在生长性能方面能够改善母猪生产性能，具体表现在增加母猪采食量、减少背膘损失；在繁殖性能方面能够提高母猪繁殖性能，具体表现在增加断奶仔猪头数、增加 21 日龄断奶窝质量和 21 日龄断奶质量、缩短断奶配种间隔。

6.4.3 不同饲养模式的智能饲喂系统

母猪智能动态饲养模式由多台饲喂设备、分离设备、发情鉴定设备组成，比较适合在年存栏量 200～800 头母猪的养猪场内使用。该模式的优点：出口区域的缓冲区和离开时的加速传感器能保证对母猪进行安全有序的饲喂；喂料槽一次储存量就可饲喂 30 头母猪，每天仅需上 2～3 次料即可，避免母猪间的打斗，有利于母猪健康，达到群体动态平衡，提高了设备利用率和管理效率，减少了猪在转舍时产生的应激。

为保持群体内部的稳定，将生产周期一致的母猪放在同一组群，即母猪智能静态饲养模式。该模式只有一台饲喂设备，适合 800 头以上母猪的大型猪场使用。该模式的优点是便于饲养管理，实现整群"全进全出"；方便栏舍清洗消毒和管理；避免疾病传播，减少打架和流产；比动态饲养模式容易管理。

智能饲喂相比于传统养殖方式的优点是提高养殖效率、降低人工成本、提高工作效率和劳动舒适度，但在具体应用时也存在一些技术问题，比如应用起点高、理论研究薄弱、对生猪体况的健康识别落后，尤其国产系统（如精准饲喂系统）需要养殖操作人员有一定的技术、只适用于一定规模养殖场、在应用时需要大量的试验研究和验证；在饲养信息获取阶段的抗干扰能力有待加强、饲料配方精准性有待提升、饲喂设备智能化程度有待提高。生猪智能化精准饲喂系统在国外发达国家广泛使用，而我国推广智能化精准饲喂系统时间比较晚，应用的也比较少，一般是大型养殖猪场从国外引进，成本较高。我国生猪智能化精准饲喂系统目前处于起步阶段，对精准饲喂系统技术研发较少，对设备的研发处于跟踪模仿阶段。虽然我国设计的智能化精准饲喂系统与国际主要产品相比有不小的差距，不过越来越多的设备生产厂家在不断开发适合我国猪场的精准饲喂系统。除此之外，设备制造企业与生猪养殖企业应加强融合，对关键技术进行联合攻关，进一步研发出成本合理、精准、高效、智能的饲喂系统。

6.5 猪场分拣体系

对于猪场来说，如何有效地训练和培养员工准确分拣猪群是一个重要的问题，往往在这过程中，不同的人对猪群体重的判断会出现一定的偏差。全自动分拣系统能准确地称量每头猪的体重，并简化了流程，大大提高了生产效率。

猪的体重是现代化养猪管理中一个非常重要的指标，但目前对于一个养猪场来说，精准地预测和控制同一栏内每头猪的体重是非常困难的。一般情况下，体重较大的猪需要被强行分群，这些操作无疑增加了猪群和员工受伤的风险。

6.5.1 全自动分拣系统优势

6.5.1.1 体重均匀

在同一栏中，体格较大的猪通常会主导大部分的采食时间，从而其体重会过快增长；而较小的猪将不能获得足够的采食时间来达到目标体重。养猪场采用精准饲喂装置，配合全自动分拣系统，可使猪群体重更均匀。

6.5.1.2 准确预测

系统可记录每次测量的数据，并生成报告和图表，从而可以利用这些数据和图表分析猪群的生长进度，更准确地预测猪群的上市时间。由于数据每天都会更新，可以为生产和销售提前做好计划，大大提高生产效益和经济效益。

6.5.1.3 减少劳动成本

采用全自动分拣系统后，一些劳动密集型的工作可通过一些自动化的设备和系统来完成，一方面提高工作效率，另一面改善猪群的生活和工作环境，一定程度上降低了意外事件的发生。同时，系统可显著降低猪场运营成本。

6.5.1.4 改善采食

在每个采食周期之间，电脑系统会追踪猪群采食状态的变化，从而可以根据猪群的实际状态对采食进行细微调整，及时满足不同阶段猪群的生长需求。此外，系统还可以比较整批猪群，以及不同的采食周期和饲料成分分析的每个细微变化可能造成的影响。通过这些信息可以更准确地调整猪群的饮食，以适应每批猪群的偏好。

6.5.1.5 及时进料退料

全自动分拣系统可将准备装运的猪群自动分拣到一个单独的栏舍。在满足猪群采食的同时不浪费饲料，在一定程度上节约生产成本。

6.5.1.6 安全高效

人工赶猪会对猪群造成很大应激，而且这可能会对猪群和操作人员造成意外伤害。由于在全自动分拣系统中需要员工直接接触猪群的机会是很少的，因此，可显著减少赶猪等需要与猪接触的操作所造成的不必要的伤害。此外，设备过道内的轨道和闸门都铺有垫料，以防止猪群因冲撞、挤压造成伤害。

6.5.1.7 疾病控制

一旦猪群适应了系统，它们一般很少会相互挤压和啃咬。因此，一旦发现个别猪生病或受伤，饲养员很容易将其及时隔离出来，并进行针对性治疗，有利于保障猪群的健康状况。

6.5.1.8 增加员工的满意度

采用全自动分拣系统之后，饲养人员可在一个更为安全的环境中工作，可以把更多的精力放在如何提高猪群生长性能方面，大大增加他们的工作满意度，提高生产效率。此外，由于减少了人员与猪群接触的机会，猪群患病的机会也会在一定程度上有所降低。

6.5.1.9 降低到达死亡率(DOA)比率

美国宾夕法尼亚大学的研究人员发现，采用全自动分拣系统饲养的猪群到达死亡率(即上市肉猪送达屠宰场时的死亡率)，或在大混栏中的死亡率更低。他们将这归因于这些猪群提前适应了通道中行走，而且习惯于较大的群体，不会产生应激行为。

6.5.2 全自动分拣系统潜在不足

尽管全自动分拣系统的优势显而易见，不过我们应该意识到这个系统不一定适合所有养猪场。该系统目前存在一些潜在的缺点和局限性。

6.5.2.1 高昂的运作成本

目前，整个全自动分拣系统是比较昂贵的，除非猪场的规模足够大，否则可能需要一段较长的时间才能看到投资回报。改造现有的栏舍或建设新的栏舍、引入新的设备的成本较高，而且可能需要修改其他部分来兼容这个系统。

6.5.2.2 可靠性和停机时间

由于这些系统有很多可移动的部件，因此需要定期的保养和维修。如果猪场不在系统供应商的常规服务区域，那么在猪场和维修中心之间往返所耗费的时间将会显著增加系统的停机时间，并会产生更高维修费用。

6.5.2.3 大量的学习时间

对于这个系统,猪场不仅需要投资大量的金钱,而且要耗费大量的时间。猪场管理者和饲养员都必须接受正规、系统的培训,按要求操作机器,并定期维护和清理机器,甚至连猪群都需要根据新系统的饲喂模式加以训练。考虑到适应系统需要耗费一定的时间,因此预计在系统运行初期会出现一些错误。

6.5.2.4 缺乏可靠的数据

因为这些系统相对较新,所以比较缺乏有效的数据和实际的生产经验。现有的研究结果表明,虽然该系统是非常值得投资的现代化养猪生产系统,不过投资前仍需仔细考虑这个系统如何对养猪生产带来效益,以及是否可以从中获得充足的回报。

全自动分拣系统可用于各种不同的规格和处理能力。根据猪场的需求和预算,管理者可选择一个满足猪场实际需求的系统。无疑一些工作仍需要人工来完成,不过猪场大部分的工作可受益于自动化设备的精准性和高效性。现代化的技术、高度的机械化和精准的称量系统为养猪业提供了一种全新的模式,这使得养猪生产变得更为简单和安全,最重要的是,可获得更多的利润。

思考题

1. 在构建物料供应智能化管理平台时,为实现对仓储货物的感知、定位识别、计量、分拣和监控等功能,需要使用哪些感知技术构建该平台的软件系统?
2. 温度传感器的分类有哪些?
3. 湿度传感器的分类有哪些?
4. 智能猪场可以控制哪些环境因素?
5. 智能化饲喂系统种类有哪些?其优缺点各是什么?
6. 全自动分拣系统具有哪些优势?

参考文献

[1] 常宇,朱伟兴,郝威.工厂化生猪精准养殖与可溯源管理平台的构建[J].现代科学仪器,2012(5):71-74.

[2] 陈辉.人工智能在养猪生产中应用研究进展[J].猪业科学,2019,36(4):34-37.

[3] 程敏,乡伟斌,李祁峰,等.智能养猪数字化设备技术与典型经验研究[J].养猪,2021(2):71-72.

[4] 代有兵.猪肉产品溯源系统的构建及初步应用[D].雅安:四川农业大学,2014.

[5] 邓奇风,陈颀,刘志强,等.我国智能化养猪业现状与发展趋势[J].中国猪业,2017(12):48-53.

[6] 段栋梁,王树华,穆秀梅,等.母猪舍饲群养工艺及智能化管理系统研究与开发[J].山西农业科学,2013,41(3):259-262,269.

[7] 范强,田长永,王景春.基于 ASP 的个体近交系数的程序设计[J].农业网络信息,2010(6):139-141.

[8] 高岩.猪舍光照指标及照明系统的建议[J].猪业科学,2015,32(12):42-43.

[9] 郭颖媛,周开锋,杨景晁,等.信息化数据管理在规模猪场的推广应用[J].山东畜牧兽医,2016(4):14-15.

[10] 韩书庆,张建华,孔繁涛,等.基于边界脊线识别的群养猪黏连图像分割方法[J].农业工程学报,2019,35(18):161-168.

[11] 何碧青 . 温度传感器 [J].贵州教育学院学报,2005(2):38-41.

[12] 胡云鸽,苍岩,乔玉龙.基于改进实例分割算法的智能猪只盘点系统设计[J].农业工程学报,2020,36(19):177-183.

[13] 蒋建明.光照对猪的影响[J].江苏农业科学,1989(1):38-39,7.

[14] 解天,罗松,杨卫平,等.现代化猪舍通风系统简介[J].南方农机,2018,49(4):7,9.

[15] 黎先伟,Kevin Hill.新技术:全自动分拣系统在现代化养猪管理中的应用[J].兽医导刊,2015(13):56-57.

[16] 李翀.RFID 技术在养猪生产中的应用 [J].猪业科学,2015,32(7):86-88.

[17] 李明全. 完善生猪产业链，打牢猪业发展基础[J]. 中国猪业，2021(1)：43-45.

[18] 李颀，王志鹏，窦轩，等. 基于无线传感器网络的产前母猪行为监测系统[J]. 家畜生态学报，2017，38(3)：75-79.

[19] 李清宏. 生猪大数据与精准养猪[J]. 饲料与畜牧，2018(8)：43-45.

[20] 梁炎森，张天昊，何志毅. 畜牧养殖场图像远程采集与目标计数系统[J]. 桂林电子科技大学学报，2017，37(6)：10-14.

[21] 刘龙申，沈明霞，柏广宇，等. 基于机器视觉的母猪分娩检测方法研究[J]. 农业机械学报，2014，45(3)：237-242.

[22] 刘秀敏，魏冬霞. RFID 技术在畜牧业中的应用探析 [J]. 家畜生态学报，2020，41(1)：78-80.

[23] 卢军，蔡怀海，谷艳红. 基于物联网的智能仓储管理系统的设计[J]. 哈尔滨师范大学自然科学学报，2018，34(5)：33-37.

[24] 芦惟本，黄川. 数字化技术是精细养猪的核心[J]. 养猪业，2011(2)：4-6.

[25] 栾晶蕊，韩伟亮，杨兴建，等. 物联网技术下工程物资智能物资管理系统的构建[J]. 经营者，2016，000(014)：146.

[26] 马官军，刘向东. 猪场生产管理系统的应用和研究进展[J]. 猪业科学，2019(5)：122-124.

[27] 麦永强. 智能型种猪测定系统的软件设计[J]. 现代农业装备，2014(3)：54-60.

[28] 钱昆. 智能仓储在现代物流中的应用[J]. 中国储运，2013(8)：103-104.

[29] 邱祁，马源，刘心彤，等. 浅谈中小型猪场自动饲喂系统[J]. 猪业科学，2020，37(8)：137-139.

[30] 盛显超. 基于 WiFi 和云平台的生猪体温监测系统设计[D]. 哈尔滨：哈尔滨理工大学，2019.

[31] 施宏，沈明霞，刘龙申，等. 基于 Kinect 的哺乳期母猪姿态识别算法的研究[J]. 南京农业大学学报，2019，42(1)：177-183.

[32] 石芳权，吴彦雄，卢异军. 养猪产业数字化管理与可持续发展研究[J]. 甘肃畜牧兽医，2021，51(10)：66-69.

[33] 孙华伟，张小飞. AI 养猪现阶段的发展与展望[J]. 猪业科学，2019，(36)4：50-51.

[34] 孙姣梅，赵圆圆. 基于 HM1500 房间湿度智能检测与控制电路的研制[J]. 电子世界，2019(16)：184-185.

[35] 孙培明，唐宏. 病死猪无害化处理技术综合性分析与讨论 [J]. 中国猪业，2015，10(4)：55-58.

[36] 王朝安. 基于物联网技术的物资供应智能管理[J]. 信息通信，2016，160(4)：169-170.

[37] 王怀禹. 我国养猪智能化发展研究与应用进展[J]. 猪业科学，2021，38(9)：

38-41.
[38] 王瑞年,张佳,黄守婷. 数字化养猪管理体系建设实践[J]. 今日养猪业,2021(1):9-13.
[39] 王子成. 智能化养猪对养殖人员的要求[J]. 畜牧兽医科技信息,2019,10:151.
[40] 吴健. 种猪数字化管理信息系统开发与应用研究[D]. 武汉:华中师范大学,2017.
[41] 武晓钊. 物联网技术在仓储物流领域应用分析与展望[J]. 中国流通经济,2011,25(6):36-39.
[42] 谢光彬,李林,刘芳芳. 间隙型耐热导线在线路增容改造中的应用[J]. 电力科学与工程,2011,27(1):70-73.
[43] 熊本海,黄瑞森,刘德武,等. 智能型母猪群养管理系统机械装备的研制[J]. 农机化研究,2012,34(11):114-119.
[44] 熊本海,蒋林树,杨亮,等. 种猪生产性能测定系统开发与性能测试[J]. 农业工程学报,2017,33(9):174-179.
[45] 薛月菊,杨晓帆,郑婵,等. 基于隐马尔科夫模型的深度视频哺乳母猪高危动作识别[J]. 农业工程学报,2019,35(13):184-190.
[46] 杨亮,熊本海,曹沛,等. 妊娠母猪自动饲喂机电控制系统设计与试验[J]. 农业工程学报,2013,29(21):66-71.
[47] 战美,刘春红,位耀光等. 基于模糊控制的温室温湿度无线智能监控系统[J]. 农业工程,2013,3(3):47-50.
[48] 张弛,沈明霞,刘龙申,等. 基于机器视觉的新生仔猪目标识别方法研究与实现[J]. 南京农业大学学报,2017,40(1):169-175.
[49] 张光跃,刘龙申,沈明霞,等. 基于超声波的母猪产前行为监测系统设计[J]. 中国农业大学学报,2017,22(8):109-115.
[50] 张军辉,愧俊卿. 种猪生产性能测定在养猪生产中的作用[J]. 今日畜牧兽医,2013(9):35-36.
[51] 张利娟,陈四清,巫海,等. FCN 用于母猪性能测定的探索[J]. 畜禽,2019,30(12):19-20,23.
[52] 张利庠. 三足鼎立养猪阵型,破解养猪九大难题[J]. 北方牧业,2020(11):16.
[53] 张旭伟,苏涵彬. DS18B20 温度传感器在非实时操作系统下的应用[J]. 单片机与嵌入式系统应用,2021,21(5):84-86.
[54] 张志明,王辉,边传周,等. 基于物联网技术的猪胴体分割生产研究[J]. 现代牧业,2021,5(3):20-25.
[55] 赵静伟. 内蒙古寒冷地区密闭式猪舍舍内环境监测与猪舍优化设计研究[D]. 内蒙古农业大学,2012.

[56] 赵培杰,林都,鲜浩,等.智能化母猪养殖管理系统设计[J].家畜生态学报,2017,38(11):76-79.

[57] 赵晴晴.基于 ERP 和 RFID 的机械企业物料管理应用研究[D].天津:天津工业大学,2016.

[58] 朱增勇,李梦希,孟君丽.非洲猪瘟对中国生猪市场和产业发展影响的研究[J].价格理论与实践,2019(7):20-23.

[59] ANDERSEN H M,JRGENSEN E,DYBKJAR J,et al. The ear skin temperature as an indicator of the thermal comfort of pigs[J]. Applied Animal Behavior Science,2008,113:43-56.

[60] CIPLYS D,RIMEIKA R,MONEREO O,et al. Sub-second humidity sensing using surface acoustic waves in electrospray-deposited carbon nanofiber and reduced graphene oxide structures[C]. Proceedings of IEEE Sensors, December,2014:110-113.

[61] HENTZN M,HOVDEN D,JANSEN M,et al. Design and validation of a wireless temperature measurement systemfor laboratory and farm animals [J]. Proceedings of Measuring Behavior,2012(8):466-471.

[62] LIN Q,LI Y,YANG MI. nvestigatos on the sensing mechanism of humidity sensors based on electrospun polymer nanofibers[J]. Sensors and Actuators B:Chemical,2012(171/172):309-314.

[63] PREVIATI M,CANONE D,BEVILACQUA I,et al. Evaluation of wood degradation for timber check dams using time domain reflectometry water content measurements[J]. Ecological Engineering,2012(44):259-268.

[64] SIN N D M,MUSA M Z,MAMAT M H,et al. High sensitivty humidity sensor based on $ZnSnO_3$ composite nanocube[J]. Key Engineering Materials,2014(594/595):872-876.

[65] WANG S R,KANG Y F,WANG L W,et al. Organic/inorganic hy-brid sensors:a review[J]. Sensors and Actuators B,2013(182):467-481.

[66] ZHANG W,CHEN L,YANG Z,et al. An optical humidity sensor based on Li_3PO_4 hollow nanospheres[J]. Sensors and Actuators B:Chemical,2011, 155(1):226-231.